經營顧問叢書 ㉞①

從 招 聘 到 離 職

陳永清　王慶祥 / 編著

憲業企管顧問有限公司　　發行

《從招聘到離職》

序　言

人才是企業最為寶貴的戰略性資源，任何企業想要在競爭激烈中佔有優勢，就必須注重人才的開發與管理。人才品質高，使用得當，企業發展就會蒸蒸日上。

著名的鋼鐵大王安德魯．卡內基有一句名言：「如果你將我所有的工廠、設備、市場、資金全部拿走，但是只要保留我的人才，四年之後，我仍將是一個鋼鐵大王。」這句話就足以說明人才具有點石成金、化腐朽為神奇的本領。

競爭不斷加劇，企業人才就日益重要，本書就是針對這些問題，從戰略角度審視人力資源規劃，提出具體的人力資源部工作重點，本書先介紹招聘選拔人才的工作重點，再以人員離職的相關管理重點作為結束。

本書第一個內容是從員工招聘為起點，詳細講述了人力資源規劃、工作分析、招聘計劃的制定、招聘管道的確定、招聘資訊的發佈、筆試方法、各種面試、員工背景調查、員工錄用、新員工試用等，將整個招聘管理的各項工作流程以實務化，理論與實際相結合，全部是實務操作重點，便於人力資源管理部門人員隨時查閱和參照。

企業首先是確保可招聘到適合、有能力的員工，工作職位妥善設計安排，再將人才配置到合適的工作崗位上，人才經過培訓後能充份發揮；企業內部人才若有意外差距，則透過企業的離職管理流程，加以善後。

本書第二個內容是介紹如何應對員工離職，本書以員工離職為終點，詳細講述員工的離職管理制度、離職管理、離職作業流程、離職處理原則、員工的工作交接、離職談話，對企業整個招聘管理工作、人員離職管理的各項工作流程以實務化、可操作化的方法進行介紹。

作者在臺灣擔任總務部經理，臺商企業人力資源經理，上海、廣東省臺資企業的人力資源部部長，企管顧問公司人力資源顧問師等職，有長期在兩岸人力資源管理的豐富經驗。

本書設計出了適合企業人力資源管理部門所需的方法、技術、實例、表格、檢核表，便於系統地理解，掌握人員招聘選拔或離職管理的流程與技巧，具體執行可達到事半功倍的效果，幫助人力資源部門圓滿達成工作。本書既可作為工作指導用書，又是人力資源部的精彩培訓教材。

2021 年 12 月

《從招聘到離職》

目　錄

第 1 章

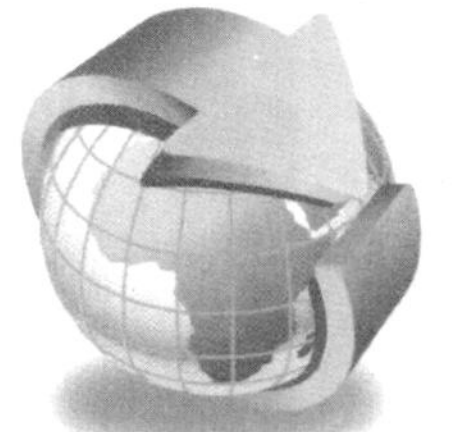

將企業招聘作為一種戰略

在現實中的大多數企業經常將招聘這項工作看成微不足道的例行公事，遠遠不是站在一種戰略的高度來審視和操作。

毋庸置疑，要想招到組織真正需要的人，我們就必須將招聘作為企業的一種戰略。這一過程包括：理解企業對人才的需求，制訂相應的招聘策略和流程，並透過人力資源規劃和工作分析來定位企業真正需要的人。

第一節　要企業將招聘作為一種戰略

一、企業將招聘作為一種戰略

在現實中的大多數企業經常將招聘這項工作看成微不足道的例行公事，遠遠不是站在一種戰略的高度來審視和操作。

毋庸置疑，要想招到組織真正需要的人，我們就必須將招聘作為企業的一種戰略。這一過程包括：理解企業對人才的需求，制訂相應的招聘策略和流程，並透過人力資源規劃和工作分析來定位企業真正需要的人。

同時，招聘戰略也是隨時變化的。處於不同時期的企業對於人才的需求是不盡相同的，這需要企業將招聘作為一種長期戰略，需要根據所處的環境進行階段調整。

二、要理解企業高階戰略的需求

任何組織都會因為其特定的目標、結構和任務而產生特定的需求，要想招到企業需要的人，首先必須瞭解企業的需求。包括對企業願景、使命、目標、戰略、價值觀和文化、產品和服務的瞭解。透過從企業戰略到部門戰略，部門戰略到人力資源戰略的層層分解，最終可以定義企業需要的人才，為進一步的招聘作基礎。

三、確定招聘的必要性

人力資源部門會首先接到公司相關部門經理的書面招聘需求報表，但不是所有的部門需求報表都會得到通過，人力資源部門需要根據實際情況，決定那些工作是必須透過招聘才能滿足相關需求的——也就是識別工作空缺，這就是確定需求的過程。

一般情況下，工作空缺可以分為以下兩種情形：

⑴不招人就可彌補的空缺；

⑵需要招人來彌補的空缺。

對於第一種情形，可以透過加班、工作再設計等方法來解決問題。第二種情形需要進行招聘。在此，又可根據空缺職位的不同分為兩種情況：

①應急職位可以考慮聘用臨時工，租用某公司的人或者把工作完全外包出去。這些方法可以迅速地解決問題，又可以節約大量經費。因為不用支付任何福利的費用，省下了34%的成本。當這個職位不需要時，很快就可以撤銷。

②核心職位可以採用內部招聘和外部招聘。

四、處理招聘流程

清晰的招聘流程不僅有利於人力資源部門工作的展開，而且能夠讓企業的業務部門明確其在整個流程中的位置，從而提供有力的信息支援。因為他們是最終的用人部門，而人力資源部門又沒有專業的業務知識，所以他們提供的有關工作、職位信息對於招到合適的人非常重要。這是在現實管理過程中人力資源部門面臨的一大難題。

第二節　人力資源規劃流程

企業內所有招聘工作，應先透過整體的人力資源規劃，整合規劃之後，才進行個別的員工招聘工作。

人力資源規劃(HR Planning，HRP)，是人力資源管理的重要工作，各項具體人力資源管理工作的起點和依據。

根據企業的發展規劃，通過對企業未來的人力資源的需求和供給狀況進行分析及估計，以及對職務編制、人員配置、培訓開發、人力資源管理政策、招聘和選擇等內容進行管理，以確保企業在需要的時間和崗位上獲得合適的人才。

一、人力資源規劃的作用

人力資源規劃是人力資源管理工作的基礎工作之一，主要作用是表現在以下方面：

1. 為企業的人力資源需求提供保障

隨著企業的發展，企業內部的人員也會發生相應的變化。企業通過人力資源規劃，可以預測自身對人力資源需求的變化，並採取相應的措施進行前期的準備。

2. 合理地利用人力資源，提高效率

人力資源規劃通過對現有的人力資源結構進行分析檢查，調整人力資源配置不均衡的狀況，從而促進人力資源的合理化使用，進而提高企業的效率。

3. 控制人力資源成本

企業成本中的人工成本的絕大部份是員工的薪資支出，企業通過對人力資源現狀進行分析，對人力資源進行成本核算，對不合理的人員配置做出相應的調整，可以保證人力資源成本的合理支出。

4. 滿足員工發展的需求，從而激起員工的工作積極性

人力資源規劃是對企業與員工雙向的規劃。企業應根據發展的需要，引導員工進行職業生涯設計和規劃。如當企業內部出現職位空缺時，企業可以以晉升、培訓等方式，讓員工看到自己的發展前景，這對於員工工作積極性的提高是非常有益的。

二、人力資源規劃的流程

制定人力資源規劃，由於各企業的具體情況不同，因此其編制步驟也不盡相同，但一般說來，有五個核心步驟是共有的。

1. 信息的收集、整理

企業制定人力資源規劃需要收集的信息內容。

⑴企業信息。企業的經營戰略和目標、企業的組織結構狀況、企業發展狀況、硬體和軟體設施裝備情況等內容。

⑵人力資源狀況。企業各部門的人力資源編制結構、崗位的設置、人員的素質結構等。

⑶外部情況。勞力市場狀況、相關的法律法規、地區的經濟發展水準等。

2. 人力資源需求預測

人力資源需求預測分為以下三方面的內容。

⑴現實人力資源需求。

⑵未來人力資源需求。

⑶未來流失人力資源的需求預測。

圖 1-2-1 人力資源規劃流程圖

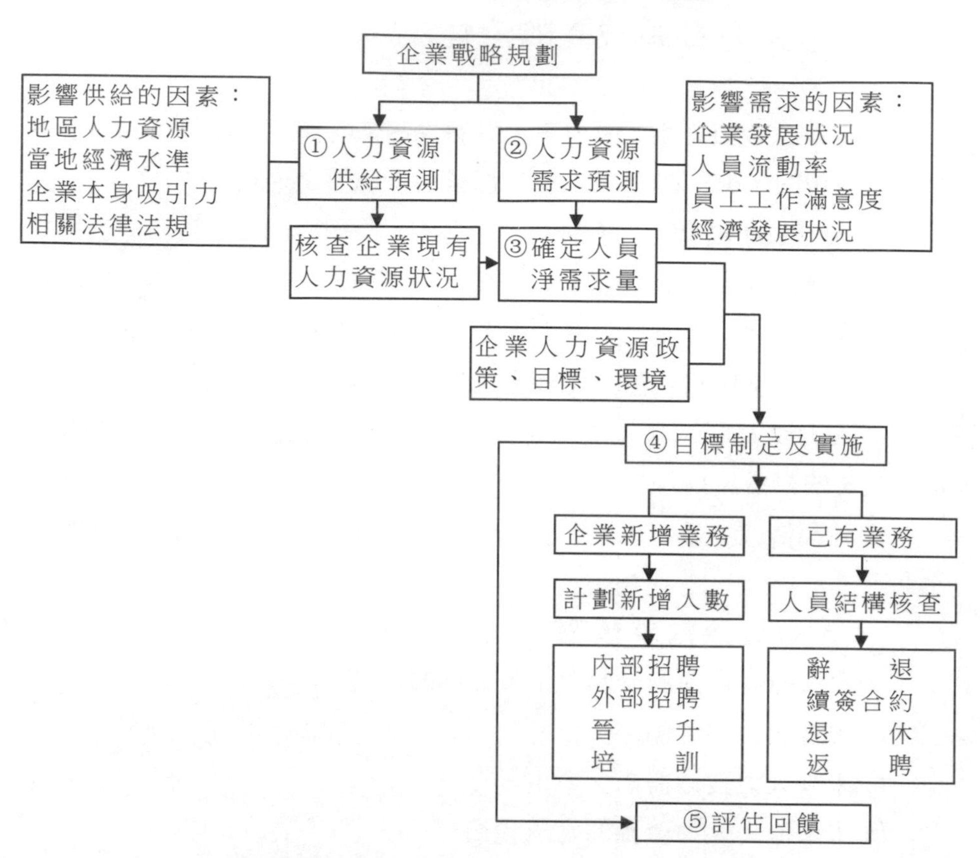

3. 人力資源供給預測

人力資源供給預測分為企業內部供給預測和企業外部供給預測兩部份，它是指為滿足企業發展的需要，對將來(或現在)某個時期內從內部和外部所能得到的員工的數量和品質進行預測。

4. 確定人員淨需求

根據人員需求預測和供給預測的結果，結合企業現有人力資源狀況進行對比分析，得出企業人員的淨需求數，從而決定是否實行招聘員工、組織培訓和輪崗等計劃。

表 1-2-1　人員需求預測表

部門	部門主要職責	人員類別									增員事由	人員性質	合計
		管理人員				技術人員				其他人員			
		高層	中層	基層	小計	高級	中級	初級	小計				
部門1											業務擴展	臨時( )人 實習生( )人 兼職( )人 正式( )人	
											人員離職		
											技術發展		
											企業變更		
部門2											業務擴展	臨時( )人 實習生( )人 兼職( )人 正式( )人	
											人員離職		
											技術發展		
											企業變更		

三、人力資源需求預測

人力資源需求預測是在企業目前人力資源狀況評估的基礎上，對未來一段時期內企業人力資源需求狀況的預測。

人力資源需求預測包括現實人力資源需求預測、未來人力資源需求預測和未來流失人員需求預測三部份，其具體執行步驟如圖 1-2-2 所示。

圖 1-2-2　人力資源需求預測流程圖

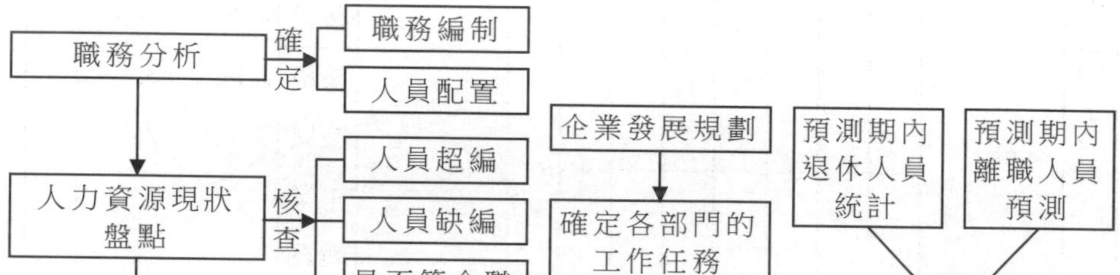

職務分析
確定
職務編制
人員配置
人力資源現狀盤點
核查
人員超編
人員缺編
是否符合職務資格要求
將統計結果與部門管理者討論
修正並調整統計結果
確定目前資源需求
企業發展規劃
確定各部門的工作任務
新增職位
增加人數
結果匯總
確定未來人力資源需求
預測期內退休人員統計
預測期內離職人員預測
結果統計
確定未來流失人力資源需求
結果匯總
企業整體人力資源需求

四、企業的人力資源供給預測

人力資源供給預測分為內部供給預測和外部供給預測兩部份。

圖 1-2-3　人力資源供給流程圖

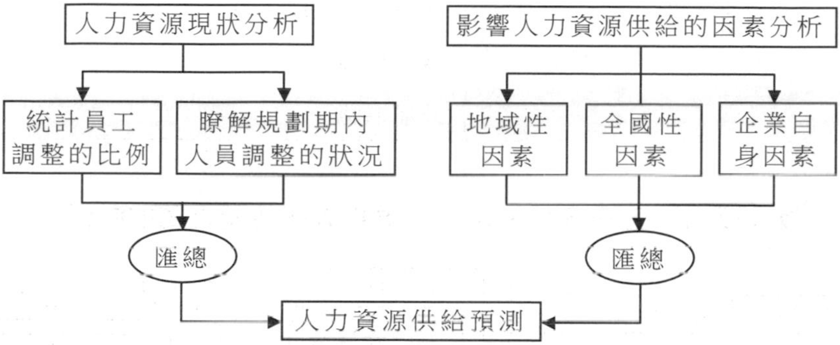

人力資源現狀分析
統計員工調整的比例
瞭解規劃期內人員調整的狀況
匯總

影響人力資源供給的因素分析
地域性因素
全國性因素
企業自身因素
匯總

人力資源供給預測

五、企業人力資源供需平衡分析

在企業的發展過程中，企業的人力資源一直是處於一種動態的供需失衡的狀態。當企業面臨人力資源富足或是短缺時，一般可以採取如下措施解決。

每個企業都需要人才，但企業如何通過招聘找到自己所需要的人才，是企業人力資源管理工作者共同面臨的一個重要而現實的問題。因為一個組織擁有什麼樣的員工，在一定程度上決定了它在激烈的市場競爭中的地位。誰能在市場上率先招聘到適合自己企業的員工，誰就能獲得競爭的優勢。

表 1-2-2 人力資源供需失衡採取的措施

人力資源富足	人力資源短缺
擴大企業的業務量	內部人力資源的重新調配
降低薪資和福利	培訓員工使之能勝任空缺的職位
提前退休	鼓勵員工加班加點
減少員工的工作時間	聘用一些兼職人員
裁員	將工作外包
	外部招聘

圖 1-2-4 工作分析、人力資源規劃與招聘之間的關係

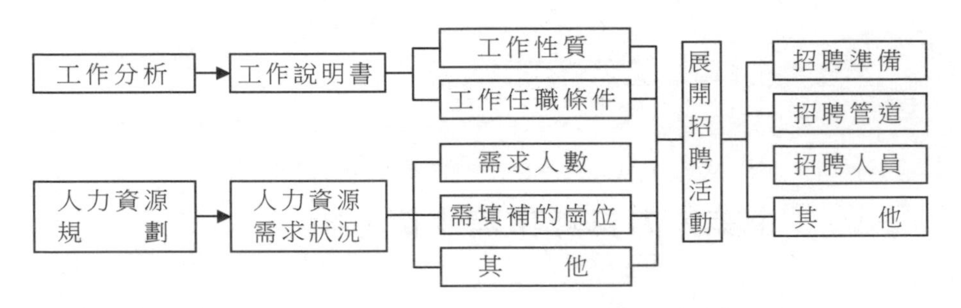

企業在進行招聘時，招聘主管人員首先要弄清楚，你所招聘的人願意來企業嗎？他們能夠把工作做好嗎？他們能適應企業的文化和工作環境嗎？為了弄清楚這些問題，企業招聘人員首先要瞭解自己的企業，知道企業到底需要什麼樣的人、需要多少人、那些崗位需要人、具體要求是什麼以及何時需要人等。

企業通過工作分析和人力資源規劃這兩項工作，就能較好地回答上述這些問題，這兩項工作是招聘工作的基礎和前提。

第三節　招聘前的工作崗位分析

工作崗位分析是人力資源管理所有職能工作的基礎和前提。

職位分析在招聘工作扮演著重要角色，職位分析最重要的結果——職位說明書，是招聘工作開展的依據。職位說明書可以明確工作的職責權限、任職資格、工作特點、工作目標等重要因素，能夠進行崗位工作的客觀數據和主觀數據分析，有助於整個人力資源管理逐步走向標準化、科學化。

一、工作崗位分析的作用

企業在進行招聘工作前，首先應進行相關職位的職位分析。一方面明確自己的需求，另一方面也讓應聘者明確招聘職位的工作職責、工作內容和職位任職要求等。崗位分析為企業選拔應聘者提供了客觀的選擇依據，也為應聘者提供了需求信息，有助於提高招聘的信度和效度，降低企業的招聘成本。

工作分析就是對組織中某個特定工作職務的目的、任務或者職責、權力、隸屬關係、工作條件、任職資格等相關信息進行收集與分析，以便對該職務的工作做出明確的規定，並確定完成該工作所需要的行為、條件和人員的過程。

工作分析為企業的人力資源規劃、企業招聘與選拔提供依據和標準，為員工招聘後的培訓提供具體培訓目標，是企業薪酬體系設計和績效考核的依據。

圖 1-3-1 職位分析與招聘的關係

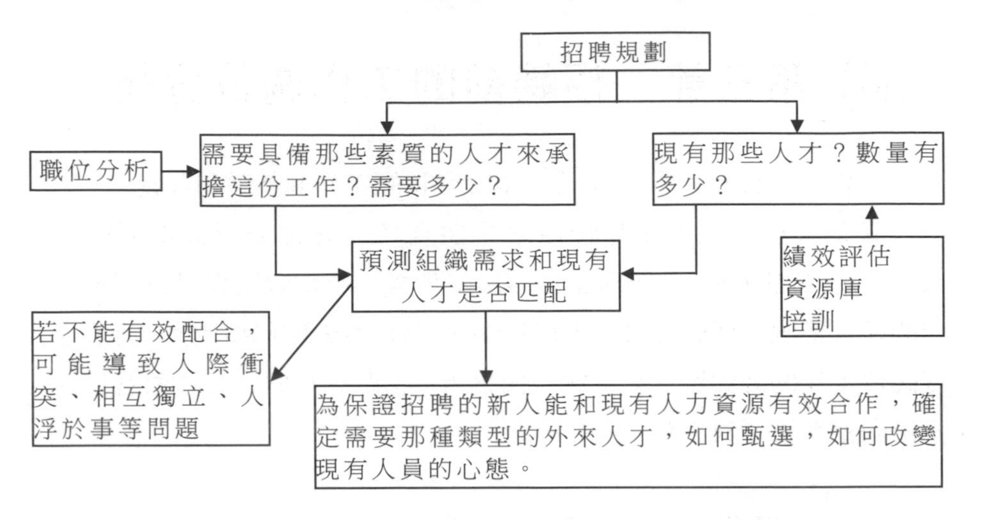

1. 是制定人力資源規劃的重要依據

在市場和組織面臨不斷變化的動態情況下，人力資源也需要適應這種變化。科學的人力資源管理規劃，對於企業和組織適應這種變化，以便更好地生存和發展尤其重要。而工作分析是預測企業人力資源需求的基礎，也是人員調任、晉升等活動的基礎。

2. 為招聘提供標準

招聘就是要找到合適的應聘者並將其放在合適的崗位上，從而達到人與崗位的最佳契合。工作分析的信息能夠提供工作的內容、主要職責及任職資格條件等方面的信息，為企業的招聘與選拔提供了客觀的依據，從而使招聘人員在對應聘者進行面試和考評時，能有針對性地進行提問和考核，避免了面試和評估的盲目性。

3. 明確培訓的內容和目標

企業培訓的內容，主要是圍繞員工工作中所需要的知識、技能和能力等展開。培訓的目的主要是為了提高員工的工作技能繼而提高企業的業績。

根據工作分析而編制出的職位說明書，明確了職位所需的相關要求，企業可以據此並結合員工自身特點設計出有效的人員培訓和開發方案。

4. 是薪酬體系的設計基礎

工作分析通過瞭解工作的內容以及工作所需要的知識、技巧與能力等因素，確定了該項工作對企業的價值或重要性，是企業核定薪酬的主要依據。

5. 為績效考核和管理提供依據

績效考核的依據來源於工作分析中列出的工作責任、工作內容或工作行為規範等。若缺乏工作分析，績效考核就缺少了依據。

二、工作分析的內容

工作分析主要包括工作說明和工作規範兩方面。

1. 工作說明

工作說明是確定工作的具體特徵，如對工作的範圍、任務、責任、方法和工作環境等的詳細描述，主要包括以下七個方面的內容。

(1)做什麼

「做什麼」是指員工所從事的工作活動，主要包括以下三方面的內容。

①任職者須完成的工作內容。

②任職者須達到的工作目標。

③任職者完成此工作須達到的工作標準。

⑵為什麼做

「為什麼做」是指任職者的工作目的及該項工作在整個組織中的作用，主要包括以下兩方面的內容。

①該項工作的目的。

②該項工作與組織中的其他工作之間的聯繫。

⑶誰來做

「誰來做」是說明誰從事此項工作及企業對從事該工作的人員所必備的素質的要求，主要包括以下五方面的內容。

①對身體素質的要求。

②對知識技能的要求。

③對相關工作經驗的要求。

④對教育和培訓的要求。

⑤對個性特質的要求。

⑷何時做

「何時做」是指對員工從事此項工作的時間安排，主要包括以下兩方面的內容。

①對工作時間的安排。

②對該項工作每日、每週和每月的工作進程的安排。

⑸在那裏做

「在那裏做」是指員工工作的地點、環境等，主要包括以下兩方面的內容。

①從事該工作的自然環境。

②從事該工作的社會人文環境。

⑹為誰做

「為誰做」是指員工從事的工作與企業中的其他部門之間的相互

關係，主要包括以下兩方面的內容。

①負責該工作的部門直接主管，即員工請示彙報的對象。

②在工作過程中由於橫向的需要應與組織中的那些部門、那些人員取得聯繫。

(7)怎麼做

「怎麼做」是指員工如何從事或者企業要求員工如何從事此項工作，主要包括以下三方面的內容。

①工作流程、規範。

②展開該項工作所必備的各種硬體、軟體設施。

③從事該工作所需要的權利。

2. 工作規範

工作規範是指完成某項工作所需要的知識、技能、職責、流程的具體說明，它是工作分析結果的一個組成部份。工作規範可以讓員工更詳細地瞭解其工作的內容和要求，以便順利地進行工作。工作規範主要包括以下五項內容。

(1)知識與學歷，指完成某項工作的知識要求和學歷要求。

(2)技能要求，指完成某項工作所應具備的基本技能。

(3)身體素質要求，指身體健康狀況。

(4)工作職責，指對其他人以及自己的工作職責。

(5)工作環境，指工作場所、工作危害等。

三、工作崗位分析的方法

工作分析的方法有很多，企業在進行工作分析時驗根據工作分析的目的，並結合各種工作分析方法的利弊，對不同崗位人員的工作分析選擇不同的方法。一般來說工作分析主要有以下六種方法。

1. 問卷調查法

問卷調查法是指工作分析人員及其他相關人員事先設計出一套關於崗位的問卷，然後把問卷分發給員工填寫，待問卷填寫完畢，將其收集、分析、匯總並由此得到崗位相關信息的方法。

表 1-3-1　工作分析調查問卷

<table>
<tr><td>姓　　名</td><td></td><td>職　　位</td><td></td><td>職位編號</td><td></td></tr>
<tr><td>所屬部門</td><td></td><td>直接主管</td><td></td><td>管轄人數</td><td></td></tr>
<tr><td colspan="6">1. 職責概述</td></tr>
<tr><td colspan="6">2. 主要工作及所花費的時間比</td></tr>
<tr><td colspan="2">工作內容</td><td colspan="2">所花費的時間比</td><td colspan="2">所負責任(主要/部份/輔助)</td></tr>
<tr><td colspan="2">(1)</td><td colspan="2"></td><td colspan="2"></td></tr>
<tr><td colspan="2">(2)</td><td colspan="2"></td><td colspan="2"></td></tr>
<tr><td colspan="2">(3)</td><td colspan="2"></td><td colspan="2"></td></tr>
<tr><td colspan="6">3. 工作權限</td></tr>
<tr><td colspan="6">4. 監督責任</td></tr>
<tr><td colspan="6">(1)您所在的職位有無監督責任(　)
A. 有　　B. 無(若無，轉到第五項；若有，請繼續填寫下面的問題。)</td></tr>
<tr><td colspan="6">(2)直接監督的人員數量(　)</td></tr>
<tr><td colspan="6">(3)間接監督的人員數量(　)</td></tr>
<tr><td colspan="6">(4)直接監督人員的層次(　)</td></tr>
<tr><td colspan="6">(5)基層管理人員、中層管理人員、高層管理人員</td></tr>
</table>

續表

5. 工作壓力	
⑴經常需要做出決定並且結果影響較大(　) A.幾乎沒有　B.偶爾　C.很少　D.不太經常　E.經常	
⑵在您的工作過程中，是否部份工作要求精神高度集中，若是，佔用工作的比重大約是(　) A.10%～20%　B.20%～40%　C.40%～60%　D.60%～80%　E.80%～100%	
⑶在您的工作中是否需要運用不同方面的專業知識和技能？(　) A.幾乎不需要　B.很少　C.有一些　D.較多　E.非常多	
⑷在工作中是否需要靈活地處理問題？(　) A.幾乎不需要　B.很少　C.有時　D.不太經常　E.經常	
⑸您的工作是否需要創造性？(　) A.幾乎不需要　B.很少　C.有時　D.較需要　E.很需要	
6. 工作時間	
⑴正常的工作時間為：每日自(　)時開始至(　)時結束 ⑵每週平均加班時間為(　)小時 ⑶實際上下班時間是否隨業務情況經常變化？(　) A.經常　B.有時　C.否 ⑷所從事的工作是否忙閑不均？(□是　□否) ⑸若工作忙閑不均，則最忙時常發生在那段時間：＿＿＿＿＿＿ ⑹出差頻率(　)	
7. 工作聯繫(1—極少　2—偶爾　3—不是經常　4—經常)	
內部接觸	
接觸的部門或人員	得　分

續表

<table>
<tr><td colspan="6">外部接觸</td></tr>
<tr><td colspan="3">接觸的部門或人員</td><td colspan="3">得　　分</td></tr>
<tr><td colspan="3"></td><td colspan="3"></td></tr>
<tr><td colspan="3"></td><td colspan="3"></td></tr>
<tr><td colspan="6">8. 工作環境</td></tr>
<tr><td colspan="6">請描述您的工作環境，包括內部環境和外部環境，若有改進的意見可以在下面列明</td></tr>
<tr><td colspan="6">9. 請列出工作中需要使用的設備，並且按照使用頻率的高低排列</td></tr>
<tr><td colspan="3">工作設備</td><td colspan="3">使用頻率</td></tr>
<tr><td colspan="3"></td><td colspan="3"></td></tr>
<tr><td colspan="3"></td><td colspan="3"></td></tr>
<tr><td colspan="3"></td><td colspan="3"></td></tr>
<tr><td colspan="6">10. 培訓</td></tr>
<tr><td colspan="6">工作中需要那些方面的培訓：</td></tr>
<tr><td colspan="6">11. 崗位任職資格</td></tr>
<tr><td>學　　歷</td><td></td><td>專　　業</td><td></td><td>年　　齡</td><td></td></tr>
<tr><td>性　　別</td><td></td><td>工作經驗</td><td></td><td>相關證書</td><td></td></tr>
<tr><td colspan="6">能力要求(1—幾乎不需要　2—偶爾　3—很少　4—需要　5—非常需要)</td></tr>
<tr><td colspan="3">工作能力</td><td colspan="3">評　　分</td></tr>
<tr><td colspan="3"></td><td colspan="3"></td></tr>
<tr><td colspan="3"></td><td colspan="3"></td></tr>
<tr><td colspan="3"></td><td colspan="3"></td></tr>
<tr><td colspan="6">其他特殊技能</td></tr>
<tr><td colspan="6">12. 請列出您覺得對工作分析來說很重要而問卷中卻沒有包含的信息。</td></tr>
</table>

2. 訪談法

訪談法是指訪談人員就某一崗位與訪談對象按事先擬訂好的訪談提綱進行交流和討論。

訪談對象包括該職位的任職者、對工作較熟悉的直接主管人員、與該職位工作聯繫較密切的工作人員和任職者的下屬等。

訪談前，一般都要擬好訪談提綱，例如：

⑴員工所在的崗位及崗位的主要工作職責。

⑵勝任此工作所需具備的條件，如學歷、工作經驗及特殊技能等。

⑶此崗位的工作關係，即工作過程中需要和那些部門及人員聯繫。

⑷工作中需要注意的問題。

⑸所處的工作環境。

3. 工作日誌法

工作日誌法也稱工作寫實法，是指任職者按照時間順序詳細記錄本職工作的內容，工作分析人員根據此內容加以歸納總結，從而得到工作分析的相關信息的方法。

寫實有個人工作日寫實、班組工作日寫實、各機台看管工作日寫實、特殊工作日寫實等。進行現場調查還有測時的方法，以工序或某一作業為對象，按操作順序進行實地觀察、記錄、測量和研究工時消耗。

表 1-3-2 工作日寫實原始記錄表

定額名稱： 工作內容： 工程量單位：

觀測地點		日　期		施工單位		觀測編號	
班組工人數量				施工組織簡況			

時間劃分		開始時間 時：分	結束時間 時：分	時間消耗（分）	耗時修正（分）	修正後耗時（分）	備註
一	定額時間						
1	準備工作時間						
2	基本工作時間						
3	輔助工作時間						
4	合理中斷時間						
5	休息時間						
6	結束整理時間						
二	非定額時間						
7	施工本身造成的停工時間						
8	非施工本身造成的停工時間						
9	違反工作紀律損失的時間						
10	其他浪費的時間						
消耗時間總計							
完成產量							

觀察者： 覆核者：

在進行完工作寫實之後，要進行分析整理，如表 1-3-3 所示。

表 1-3-3　工作日寫實記錄匯總表(人工)

定額名稱：　　　　工作內容：　　　　工程量單位：

觀測編號										加權平均值 m
工人數量										
實際觀測時間(分)										
序號	時間劃分	時間消耗		時間消耗		時間消耗		時間消耗		
一	定額時間	分	%	分	%	分	%	分	%	
1	準備工作時間									
2	基本工作時間									
3	輔助工作時間									
4	合理中斷時間									
5	休息等時間									
6	結束整理時間									
二	非定額時間									
7	施工本身造成的停工時間									
8	非施工本身造成的停工時間									
9	返工時間									
10	其他浪費的時間									
三	完成產量									
四	每工日產量 q									

計算者：　　　　　　覆核者：

4. 觀察法

觀察法是工作分析人員到現場去觀察崗位任職者的實際工作情況，通過觀察，將有關工作的內容、方法、流程、設備、工作環境等信息記錄下來，最後將取得的信息歸納整理為適合使用的結果的過程(如表 1-3-4 所示)。

表 1-3-4　觀察法提綱一覽表

被觀察者姓名		所在崗位		所屬部門	
觀察者姓名		觀察時間		觀察日期	
觀察內容提綱	工作時間				
	工作的主要內容				
	工作期間休息的次數				
	工作期間與別人的聯繫				
	工作成果				
	工作所處的環境				
	其　他				

5. 關鍵事件法

關鍵事件法要求崗位工作人員或其他有關人員對一系列與工作有關的行為進行描述，並從中挑選出能影響績效好壞的「關鍵事件」(即對崗位工作任務造成顯著影響的事件)來評定，從而得出結果。

6. 工作參與法

工作參與法是指工作分析人員直接參與某一崗位的工作，從而細緻、全面地體驗、瞭解和分析崗位特徵及崗位要求的方法。

第四節　工作職位說明書編制實例

工作崗位職位說明書是用來指導人們如何工作的，是企業人力資源管理的重要文件資料。

在編制職位說明書時，要儘量做到層次清晰、內容具體、表達準確、文字簡明，便於任職者把握。

一、職位說明書的編寫注意事項

1. 對職責概要的描述盡可能簡練，避免複雜

要讓職位說明書的使用者在讀完職責概要後就知道該崗位的主要職責是什麼，切忌將崗位的所有職責都全部堆砌在「職責概要」一項。

2. 職責劃分要清晰

編制職位說明書時，要將每個職位的職責劃分清晰，各個職位間的職責既不能重疊，也不能留有空白。

3. 任職條件中的學歷、經驗等條件要掌握適度

任職條件中的學歷、經驗等條件要掌握適度，不可過於苛求。

4. 職位說明書應根據企業發展而不斷調整

企業只有緊密結合外部環境的變化而不斷變化才能長期生存與發展，企業的目標與職能也會不斷調整。因此，企業可適時地對職位說明書進行系統的審核，或是在工作職責發生明顯變動時，隨時注意對職位說明書加以修訂，確保其能及時、準確地反映出組織中的各個

職位所承擔的具體職責和工作任務。

5. 以符合邏輯的順序來組織工作職責

一般說來，一個職位通常有多項工作職責，在職位說明書中羅列這些工作職責的時候並非是雜亂無章的、隨機的，而是要按照一定的邏輯順序來編排，這樣才有助於理解和使用職位說明書。

6. 使用通俗的語言，儘量避免技術性過強的術語

我們所寫的職位說明書要讓大家能夠理解，而不僅僅是少數的技術專家能夠理解，因此，當遇到技術性的問題時，應儘量轉化成較為通俗的語言。

7. 應該表明各項職責所出現的頻率

表示各項職責出現的頻率高低可以通過完成各項職責的時間所佔的比重來表示，因此，可以在各項工作職責旁邊加上一列，表明各項職責在總的職責中所佔的百分比。

二、職位說明書的編寫內容

工作崗位職位說明書主要包括工作描述和工作規範兩部份的內容。

1. 工作描述

工作描述，又稱職務描述，是對企業中各類崗位的工作性質、工作職責、工作任務與工作環境等所作的規定，用來說明任職者應該做什麼、怎麼做以及在什麼條件下去做的一種書面文件。它主要包括以下兩方面的內容：

(1)崗位基本信息

包括工作名稱、部門、彙報關係、工作編號、職務等級等。

⑵工作說明

如某企業在對採購部經理一職位進行職位說明書編制時，形成的相關信息如下所示。

表 1-4-1　工作說明的內容

工作說明的內容	說明
職責概述	又稱工作綜述，用於描述工作的整體性質
崗位職責和工作權限	說明任職者須完成的工作任務、承擔的責任、工作權限範圍等
工作績效標準	說明企業期望員工完成工作任務時需達到的標準
崗位工作關係	又稱工作關係，說明任職者與企業內部或外部人員之間因工作關係所發生的聯繫
工作條件和環境	包括工作地點、光照度、有無雜訊干擾、工作中有無危險作業等

2. 工作規範

工作規範，也稱職位規範或任職資格，指勝任該職務的人員在教育水準、工作經驗等方面應具備的資格和條件。工作規範的內容主要包括以下五個方面。

職位說明書要根據企業的實際情況制定，在編制時，要注意文字簡潔明瞭，淺顯易懂；內容越具體越好，避免形式化、書面化；隨著企業規模的/不斷擴大，職位說明書要在一定的時間內必須予以修正和補充，從而與企業的發展保持同步。

表 1-4-2　工作規範的內容

工作規範的內容	說明
知識要求	指勝任本崗位的任職者應具備的知識和水準 1. 教育背景：指從事該崗位需具備的最低學歷要求 2. 技能水準：從事該崗位應具備的基本技能和能力 3. 專業知識：從事該崗位所應該具備的知識 4. 外語水準 5. 其他相關的業務知識
身體狀況	1. 身體素質：包括身高、體重、身體健康狀況等 2. 心理素質：包括觀察能力、記憶能力、理解能力、學習能力、解決問題能力、語言表達能力、邏輯思維能力、興趣愛好等
工作經驗	從事本崗位及其相關工作的情況
能力要求	勝任本崗位所需具備的能力
個性特質要求	

三、職位說明書的編制實例

1. 範例一：銷售主管職位說明書

表 1-4-3　銷售主管的職位說明書

<table>
<tr><td colspan="2">職位名稱</td><td>銷售主管</td><td>所屬部門</td><td>銷 售 部</td></tr>
<tr><td colspan="2">直接上級</td><td>銷售部經理</td><td>直接下級</td><td>銷售專員</td></tr>
<tr><td colspan="2" rowspan="2">任職資格</td><td colspan="3">1. 學歷、專業知識
大專以上；市場行銷、企業管理等相關知識</td></tr>
<tr><td colspan="3">2. 工作經驗
1 年以上相關工作經驗</td></tr>
<tr><td rowspan="7">職責一</td><td colspan="4">職責描述：銷售工作</td></tr>
<tr><td rowspan="5">工作任務</td><td colspan="3">1. 在銷售主管的領導下，根據公司銷售目標和計劃，參與公司市場行銷策略的制定</td></tr>
<tr><td colspan="3">2. 依據公司制定所負責區域的產品行銷計劃，分解產品銷售目標</td></tr>
<tr><td colspan="3">3. 執行公司行銷策略實施市場開拓任務</td></tr>
<tr><td colspan="3">4. 運用銷售技巧，完成銷售任務</td></tr>
<tr><td colspan="3">5. 做好客戶回訪工作</td></tr>
<tr><td colspan="4">考核重點：市場拓展情況，銷售任務完成情況</td></tr>
<tr><td rowspan="8">職責二</td><td colspan="4">職責描述：客戶關係管理</td></tr>
<tr><td rowspan="6">工作任務</td><td colspan="3">1. 收集潛在客戶資料和新客戶的資料，為銷售工作做好準備</td></tr>
<tr><td colspan="3">2. 維護客戶關係，對於重要客戶要保持經常的聯繫</td></tr>
<tr><td colspan="3">3. 及時瞭解客戶需求，向公司回饋產品情況</td></tr>
<tr><td colspan="3">4. 定期向客戶瞭解產品的使用情況、對價格的回饋情況等</td></tr>
<tr><td colspan="3">5. 協調、處理相關客戶及業務之間的關係</td></tr>
<tr><td colspan="3">6. 及時、有效處理客戶投訴，確保客戶對公司的滿意</td></tr>
<tr><td colspan="4">考核重點：客戶保有率、客戶滿意度</td></tr>
</table>

續表

職責三	職責描述：銷售賬款管理	
	工作任務	1. 做好日常發貨流水賬，及時規避貨款風險
		2. 應收賬款的核算、催收
	考核重點：銷售貨款回收率	
職責四	職責描述：其他相關職責	
	工作任務	1. 為公司提供市場趨勢、需求變化、競爭對手和客戶回饋等方面的準確信息
		2. 協助公司建立客戶信用等級檔案
		3. 客戶檔案、銷售資料管理
		4. 定期向上級提交客戶狀況分析報告
	考核重點：市場信息收集的及時性、準確性滿意度	

2. 範例二：生產主任的職位說明書

表 1-4-4　工廠主任職位說明書

職位名稱	工廠主任	所屬部門	生 產 部
直接上級	生產部經理	直接下級	生產專員
任職資格	1. 學歷、專業知識 大學本科以上；現場管理、生產與運作管理、品質管理等相關專業知識		
任職資格	2. 工作經驗 2 年以上相關工作經驗		
職責一	職責表述：工廠生產計劃的組織實施		
	工作任務	1. 編制本工廠的生產計劃	
		2. 規劃及分配工作，執行工作規程	
		3. 按照生產計劃組織、安排生產工作，確保本工廠生產計劃的完成	
	考核重點：本工廠生產計劃完成率		

續表

職責	項目	內容
職責二	職責表述：生產過程的監督與指導	
	工作任務	1. 主持工廠例會
		2. 全面協調工廠工作
		3. 對工人的生產作業過程進行監督、指導
		4. 解決工人操作過程中的問題
		5. 對生產品質進行控制，保證生產的品質
	考核重點：生產秩序良好，各項生產與品質作業標準都能得到執行	
職責三	職責表述：現場管理	
	工作任務	1. 推進 5S 現場管理制度，從整理、整頓、清掃、清潔、素養 5 個方面對生產工廠進行管理
		2. 實現工廠標準化管理
	考核重點：對現場管理的推行效果滿意度	
職責四	職責表述：工廠安全生產管理	
	工作任務	1. 落實公司各項安全生產制度
		2. 開展經常性安全檢查，控制關鍵部門，杜絕安全隱患
	考核重點：無重大安全生產事故	
職責五	職責表述：工廠生產成本控制	
	工作任務	1. 統計分析工廠每天的生產情況，尋求改善，提高生產效率
		2. 統計分析工廠的成本消耗，制定可操作的控制措施
	考核重點：生產成本控制在預算之內	
職責六	職責表述：其他管理職責	
	工作任務	1. 向生產部經理提出改進生產設備、技術流程、操作環境等方面的建議
		2. 協調工廠各班組的各項進度情況
	工作任務	3. 組織工廠員工的業務培訓
		4. 配合人力資源部做好工廠員工的考勤及薪資核算等工作
	考核重點：滿意度	

3. 範例三：會計人員的職位說明書

表 1-4-5 會計職位說明書

<table>
<tr><td colspan="2">職位名稱</td><td>會　計</td><td>所屬部門</td><td>財 務 部</td></tr>
<tr><td colspan="2">直接上級</td><td>財務主管</td><td>直接下級</td><td></td></tr>
<tr><td colspan="2" rowspan="2">任職資格</td><td colspan="3">1. 學歷、專業知識
大學本科以上，財務管理、會計、投資、金融、經濟法、稅法、財務電算化等相關專業知識</td></tr>
<tr><td colspan="3">2. 工作經驗
2 年以上財務會計工作經驗，全面的賬務處理及財務管理經驗，具有初級會計師職稱</td></tr>
<tr><td rowspan="4">職責一</td><td colspan="4">職責表述：編制會計報表</td></tr>
<tr><td rowspan="2">工作任務</td><td colspan="3">1. 根據有關財務法規和本公司財務制度的規定，每月、每季按時做好各種會計報表</td></tr>
<tr><td colspan="3">2. 會計報表送財務管理部經理審核</td></tr>
<tr><td colspan="4">考核重點：財務報表編制及時準確率</td></tr>
<tr><td rowspan="4">職責二</td><td colspan="4">職責表述：賬務登記與核算</td></tr>
<tr><td rowspan="2">工作任務</td><td colspan="3">1. 設置總賬和明細分類賬帳戶，按照適用的會計核算方式及時記賬</td></tr>
<tr><td colspan="3">2. 負責定期核算各部門的收支賬目，及時向企業彙報相關情況</td></tr>
<tr><td colspan="4">考核重點：賬目登記與核算的準確率</td></tr>
<tr><td rowspan="4">職責三</td><td colspan="4">職責表述：會計稽核工作</td></tr>
<tr><td rowspan="2">工作任務</td><td colspan="3">1. 依據有關制度和規定，審核會計單據，保證日常核算準確無誤</td></tr>
<tr><td colspan="3">2. 定期檢查、審核銀行、庫存現金和資產賬目，做到賬賬相符、賬實相符</td></tr>
<tr><td colspan="4">考核重點：相關賬目的準確性</td></tr>
</table>

續表

<table>
<tr><td rowspan="6">職責四</td><td colspan="2">職責表述：納稅申報</td></tr>
<tr><td rowspan="4">工作任務</td><td>1. 根據稅收法規規定，負責按月進行納稅申報</td></tr>
<tr><td>2. 計算、統計稅收</td></tr>
<tr><td>3. 編制報表</td></tr>
<tr><td>4. 辦理相關稅務手續</td></tr>
<tr><td colspan="2">考核重點：納稅申報及時率</td></tr>
<tr><td rowspan="4">職責五</td><td colspan="2">職責表述：成本核算</td></tr>
<tr><td rowspan="2">工作任務</td><td>1. 依有關政策及公司的財務管理制度，對公司內各項業務進行成本核算</td></tr>
<tr><td>2. 編制成本報表</td></tr>
<tr><td colspan="2">考核重點：成本核算準確率</td></tr>
<tr><td rowspan="4">職責六</td><td colspan="2">職責表述：財務分析</td></tr>
<tr><td rowspan="2">工作任務</td><td>1. 根據財務報表，定期協助財務管理部經理做好本公司的財務分析工作</td></tr>
<tr><td>2. 為公司制定經營決策提供依據</td></tr>
<tr><td colspan="2">考核重點：財務分析滿意度</td></tr>
<tr><td rowspan="5">職責七</td><td colspan="2">職責表述：固定資產管理、低值易耗品管理</td></tr>
<tr><td>工作任務</td><td>1. 根據財務管理部經理的安排，協同行政人事部做好固定資產的卡片管理</td></tr>
<tr><td rowspan="2">工作任務</td><td>2. 做好固定資產的核查和盤點</td></tr>
<tr><td>3. 及時編制各類固定資產賬目</td></tr>
<tr><td colspan="2">考核重點：記錄的及時完整性</td></tr>
<tr><td rowspan="4">職責八</td><td colspan="2">職責表述：其他相關職責</td></tr>
<tr><td rowspan="2">工作任務</td><td>1. 依據公司的相關規定，負責公司與供應商以及客戶的債權債務的清算工作</td></tr>
<tr><td>2. 交辦的其他工作</td></tr>
<tr><td colspan="2">考核重點：清算工作及時率</td></tr>
</table>

四、秘書工作崗位職位說明書

一家電腦器材銷售公司，由於總經理的秘書，一個月以後就要到國外去留學，因此留下了這個秘書職位空缺。

總經理秘書的工作，主要是幫助總經理處理一些日常事務。總經理每天要與很多人會面，並且總經理的公務電話也非常多，還要參加大量的會議。秘書必須要幫她管理各種事務的排程，具體做法就是將總經理已經約定好的會議或約會記錄下來，並在會議或約會之前提醒總經理。如果有別人提出會議或約會的請求，秘書要先徵詢總經理的意見，確定總經理的時間，然後再與提出會議或約會的人商量。總經理所有的公務電話都是由秘書首先接聽，然後再轉給總經理，這樣可避免一些誤打的或者無須總經理親自解決的電話打擾總經理的工作。時間上的衝突是難免的，因此秘書有時需要靈活地處理這些問題。當有客人來訪時，秘書要幫助迎接客人，為客人倒水。如果總經理需要召集會議，秘書則要幫助預定會議室並準備會議所需的設備和資料。有些會議，例如每週一的例會，秘書還要在現場做會議記錄，並在會議後一個工作日內整理出會議紀要發給與會者。

總經理的各種郵件也特別多，包括電子郵件，此外還有一些傳真。秘書要幫助總經理收發這些郵件，對郵件進行分類存檔、複印、列印等。公司的電子郵件系統和辦公自動化系統採用的是 Lotus 系統，因此秘書必須能夠熟練使用這個系統。秘書也經常會幫助總經理起草一些信函和常規的文件，她必須要有一定的文字功底，還要擅長電腦中的錄入和排版。總經理有時會讓秘書幫助錄入一些文件，或者做一些幻燈片和試算表，因此秘書必須熟練運用 MS-Office 中的各種軟體，並且打字的速度要在每分鐘 70 字以上。

總經理收到的文件和發出的文件都要做系統的歸檔，秘書必須保證當需要用到一份過去的文件時能夠迅速地找到這份文件（有些文件是英文的）。

作為總經理的秘書，經常需要與其他部門的人交往，也會與外部的客戶或政府部門、媒體等打交道，因此這個秘書必須非常善於處理各種人際關係。

另外由於秘書所要管理的文件中大量都是與業務有關的文件，因此她最好能懂得一些商務和技術方面的知識。現在的秘書是商務英語本科畢業的。

秘書所要做的工作是瑣碎的，也是很繁重的，而且由於情況經常發生變化，工作節奏常被打亂。由於總經理的工作時間沒有規律，秘書有時也要隨之在晚上或週末加班。總經理經常要去香港總部或者到其他地方出差，在總經理出差期間，秘書應該能夠獨立完成自己的工作。下列就是關於總經理秘書工作的具體描述：

1. 工作目的

幫助總經理分擔日常事務。

2. 主要工作職責

⑴文檔管理。

⑵會議和約會安排。

⑶收發信函與傳真，接聽電話。

⑷起草信函和文件。

⑸接待客人。

⑹日常溝通。

⑺總經理交辦的其他事務。

3. 工作所需的必備的技能

(1)文書能力。

(2)溝通能力。

(3)時間管理與日程安排。

(4)文檔管理能力。

(5)人際交往能力。

(6)電腦和辦公設備使用技能。

(7)英語能力。

4. 個性特點

(1)細緻、有耐心。

(2)願意與他人交往。

(3)思維清晰。

(4)靈活性。

(5)獨立性。

(6)敬業精神。

5. 可選技能

(1)產品知識。

(2)商務知識。

第五節　企業人力資源規劃範例

一、企業背景介紹

一家製造業，主要生產汽車零配件。經過十多年的發展，企業業績頗佳，但隨著市場競爭的日益加劇，企業所面臨的內部環境與外部環境與當初企業制定中長期發展規劃時已發生了很大的變化。

企業為了更好地發展，必須制定一個較完善的人力資源規劃，並在此基礎上制定職務編制、人員配置、人員培訓與開發、薪酬制度和績效考核等方面的人力資源管理方案的全局性計劃，使企業在持續發展中保持較強的競爭力，為企業的發展提供人力資源的保證和服務，為企業的有序運營提供堅實的後盾。

二、企業近五年的發展戰略目標

⑴產品市場逐年提高四個百分點。

⑵產品品牌建設。

⑶拓展相關的業務。

三、企業近五年的人力資源規劃

⑴繼續大力引進優秀人才，大約需要新增人員近 80 人，爭取實現本科及以上學歷的人才的比例達到 60%以上。

⑵儲備人員的培養。

⑶加強員工培訓，爭取達到每個員工都掌握 1～2 門專業技術。

⑷企業的薪酬福利制度。

四、企業人力資源現狀分析

⑴企業人員數量分佈情況

企業目前擁有員工數量 160 人，按人員類別，其具體情況如表所示。

表 1-5-1　企業人員數量分佈情況

類別／數量	銷售人員	普通員工	專業技術人員	中層管理人員	高層管理人員
員工總數(160 人)	64	32	28	24	12

從結構上來看，管理層人數比例是比較合理的。隨著企業業務的擴大，未來人力資源需求會增加，尤其是中高層管理人員，儘管企業內部有一支高效的管理隊伍，但滿足不了企業未來幾年的需要。

⑵人員素質構成圖

從圖來看，高學歷的人才比例不高，因此，企業需要大力引進碩士及以上學歷的中高層管理人員，普通員工的學歷水準也應得到大力提高，以提高企業的整體人員素質。

⑶人員年齡結構狀態分佈圖表

表 1-5-2　人員年齡結構狀態分佈表

類別／數量	20～29 歲	30～39 歲	40～49 歲	50 歲及以上
員工總數(160 人)	60	72	22	6

從表來看，企業員工年齡結構基本合理，但在企業管理層中，高層管理人員有四人在 50 歲以上，中層管理人員基本集中在 40～49 歲這個區間內，因此，企業在未來的一段時間內，必須加強對年輕管

理人員的培養。

(4)薪酬福利支出佔營業收入的比例圖

A、B 兩家企業，是本企業的主要競爭對手，本企業的薪酬福利水準是偏高的。

五、人員需求計劃

根據各職能部門提交的人員需求計劃表和企業發展規劃的需求，未來五年內企業的人員需求計劃如表所示。

表 1-5-3　未來五年內人員需求計劃表

職位及人數 部門	職　　位	所需人數
決策層	總 經 理	2
	副總經理	5
財務部	財務部經理	1
	高級會計	2
行政部	辦公室主任	2
	高級秘書	2
人力資源部	薪酬專員	2
	招聘專員	1
生產部	高級技術人員	5
	工廠主任	3
	生產人員	20
銷售部	銷售主管	2
	銷售人員	30

六、如何獲取人才

在確定如何獲取人才之前，先要明確自己需要什麼樣的人才。從人力資源現狀分析的結果看，首先，企業需要一部份高素質的中高層管理人才、高級技術人才；其次，應提升企業的整體人員素質；最後，企業應根據各個崗位的工作特性來確定具體招聘的標準和依據。

採取內部招聘和外部招聘相結合的方式，中高層管理人員基本上從企業內部進行選拔和培養。若企業內部沒有合適的人選，則採用外部招聘的方式從外部招聘人員。

七、人事政策

(一)薪酬基本政策

新進的員工，需經過企業 1～3 個月的試用期考核，具體時間依據各崗位的性質和員工個人的工作表現而定。經考核合格的人員，方可轉為正式員工，享有企業提供的福利待遇。

以儲備人才身份招聘進來的新員工，本科生：試用期基本工資 XXX 元/月，簽訂一年期限的工作合約；碩士：試用期基本工資 XXX 元/月，簽訂一年期限的工作合約。

其他新進人員的工資標準依據各崗位的工資水準而定。

(二)福利制度

- 企業為所有正式員工繳納規定的社會保險(養老、醫療、失業、勞保、生育)。
- 員工享有規定的法定節假日：雙休日、元旦、春節、勞動節、國慶日。
- 企業為員工提供午餐補助。
- 每年舉辦兩次外出旅遊活動。
- 企業為員工提供部份娛樂休息場所。

八、人力資源培訓

⑴人力資源部根據企業發展計劃並結合員工職業發展規劃，合理地對各部門、各崗位人員制定培訓計劃並對培訓費用做出預算。

⑵培訓的方式有以下幾種：崗前培訓，崗前培訓主要是針對儲備人才的培訓。培訓的內容涉及企業發展史、企業文化、企業規章制度、企業組織結構及各部門的職能等。方式以授課形式為主、實地考察為輔。

在職培訓，在職培訓的適用對象是企業所有人員，主要目的是提升員工的工作技能。

脫崗培訓，脫崗培訓主要是針對企業的中高層管理人員，方式是到高校進修、外出考察、參加各種會議等。

九、人力資源開發

人力資源是企業巨大的財富，為了有效地利用這些資源，企業應該做好如下方面的工作。

1. 企業文化的建設

企業文化能夠為企業樹立良好的形象，還可以為員工提供一個良好的組織環境，對激勵員工、凝聚員工的向心力都會起到良好的作用。

2. 建立「能上能下」的用人機制

企業應為員工提供廣闊的發展平臺，員工應根據自身能力的大小公平競爭。

3. 有效的激勵機制

企業應重視並尊重人才，對表現優秀的員工，企業應給予不同程度、不同方式的獎勵。

4. 公開透明的績效考核制度

績效考核作為評定員工薪酬、晉升和培訓等其他人事政策的重要依據，只有做到公正、客觀，才有助於調動員工工作的積極性。員工考核的結果應保存在人力資源部並存檔。

5. 建立有效的溝通機制

企業內部需建立良好的溝通機制，保證溝通的暢通性，進而保證企業的活力。

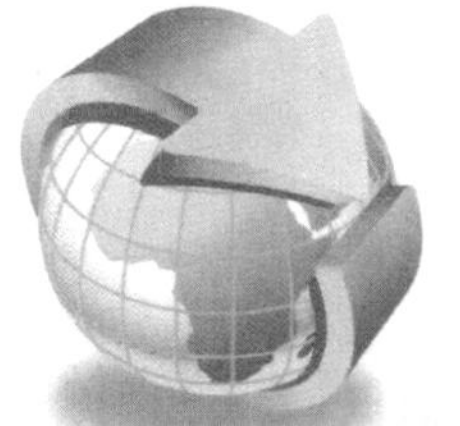

人力資源獲取方式

人力資源獲取(access to human resources)是指企業為了發展的需要，根據人力資源規劃和職位分析的要求，向外部或向內部尋找、吸引那些既有能力又有興趣到本組織任職的人員，並從中挑選出適宜人員予以錄用的過程。

第一節　內部招聘或外部招聘

人力資源獲取(access to human resources)是指企業為了發展的需要，根據人力資源規劃和職位分析的要求，向外部或向內部尋找、吸引那些既有能力又有興趣到本組織任職的人員，並從中挑選出適宜人員予以錄用的過程。

一、內部招聘的主要方式

內部招聘的方式主要有六種：提拔晉升；工作調換；工作輪換；人員重聘；利用人才信息檔案庫。

(1)提拔晉升

透過提拔晉升選擇可以勝任這項空缺工作的優秀人員，這種做法給員工以升職的機會，會使員工感到有希望、有發展的機會，對於激勵員工非常有利。

(2)工作調換

工作調換也叫做「平調」，是在內部尋找合適人選的一種基本方法。這樣做的目的是要填補空缺，但實際上它還起到其他許多作用，例如可以使內部員工熟悉其他部門的工作，與更多的人員有更深的接觸、瞭解。這樣，一方面有利於員工今後的提拔，另一方面可以使上級對下級的能力有進一步的瞭解，也為今後的晉升工作安排做好準備。

(3)工作輪換

與工作調換不同的是，工作調換從時間上講往往比較長，而工作輪換則通常是短期的，是有時間界限的。另外，工作調換往往是單獨的、臨時的，而工作輪換往往是兩個以上的、有計劃進行的。工作輪換可以使組織內部的管理人員或普通人員有機會瞭解不同的工作，為那些有潛力的人員提供以後可能晉升的條件，同時也可以緩解部份人員由於長期從事某項工作而帶來的煩躁和厭倦等感覺。工作輪換也是職業生涯管理與設計的一個組成部份。

⑷人員重聘

有些企業由於某些原因會有一些不在崗位的員工，如下崗人員、長期休假人員(如因病長期休假)、已在其他地方工作但關係還在本單位的人員(如停薪留職)等。在這些人員中，有的恰好是內部空缺需要的人員。對這些人員的重聘會使他們有再為單位盡力的機會。另外，由於他們比較熟悉本企業的工作，企業使用這些人員可以要求他們儘快上崗，同時減少培訓等方面的費用，使內部招聘達到事半功倍的效果。

⑸利用人才信息庫檔案

內部招聘還可以利用現有人員人才信息庫檔案中的信息。這些信息可以幫助招聘人員確定是否有合適的人選，然後招聘人員可以與他們接觸以便瞭解他們是否想提出申請。這種方式可以和以上幾種方式結合使用，以確保崗位空缺引起所有有資格的申請人的注意。

二、外部招聘的幾種主要方式

⑴刊登招聘廣告

廣告是企業常用的一種招聘方法，其形式是在報紙、電視、廣播、雜誌甚至網路和戶外做招聘廣告，以吸引求職者。廣告的內容一般包括招聘職位、招聘條件、招聘方式及其他說明。廣告必須符合有關法律規定。美國的《平等就業機會法》就明文規定在就業上不得有歧視。廣告招聘的特點是信息面大、影響廣、傳播速度快，可吸引較多的應聘者，又由於在廣告中已簡略介紹了企業的情況，可以使應聘者事先有所瞭解，減少應聘的盲目性。

⑵就業服務機構

社會上有各種就業服務機構，如人事部門開辦的人才交流中心、勞動部門開辦的職業介紹機構等，以及一些民營的職業介紹機構。這些仲介機構都是用人單位和求職者之間的橋樑，為用人單位推薦人才，為求職者推薦工作，同時也舉辦各種形式的人才交流會、洽談會等。

三、獵頭公司

獵頭公司(head hunter)是指專門為企業招聘中高級管理人員或重要的專門人員的私人就業機構。由於這種中高級人才工作穩定，待遇較高，很少主動進入人才市場，因此運用公開的招聘方法難以吸引他們。而獵頭公司擁有自己的人才數據庫，並經常主動去發現和尋找人才，還能夠在整個搜尋和甄選過程中為企業保守秘密。所以，如果企業要招聘一些核心員工，獵頭公司的幫助是必不可少的。獵頭公司服務費相對較高，一般是招聘職位年薪的 25%～30%。

四、內部人員推薦

員工推薦這種方式的做法一般是，人力資源管理人員或一線經理要求員工推薦合適的朋友或親屬，並且向推薦了合格候選人的員工提供一些獎勵。這既合算，又有利於鼓舞員工士氣。員工推薦的基礎就是一旦職位空缺，要儘快傳播消息。

求職者自薦這種招聘方式指的是企業收到那些對公司工作感興趣的人提出的申請或簡歷，有前來公司的、打電話來的或者寫信來的。這種方式通常在報酬政策、工作條件、上下級關係、發展機會及參加社會活動等方面享有較好聲譽的企業中盛行。自薦者中會有出色的員工，許多組織將這些主動提供的信息存入公司人才庫，並在出現崗位空缺時從人才庫裏獲取信息。

第二節　怎樣利用好獵頭公司

一、什麼是獵頭公司

獵頭公司，也就是專門替企業網路高級人才的公司，是近些年逐漸流行起來的一種行業。借助獵頭公司的幫助，企業可以更快、更安全、更準確地尋找到需要的人才。因此，利用好獵頭公司進行招聘是企業必修的課程。

在國際上，高級人才委託招聘業務常常被稱為獵頭服務，因此專門從事中高級人才的仲介公司也被稱為獵頭公司。

現在國際上知名的獵頭公司當中，較早的當屬於總部設在美國康涅狄格州的司凱龍獵頭顧問公司(Scanlon)。它成立於 20 世紀 50 年代，至今已有近 40 多年的歷史，其分支機構或辦事處遍及世界各地，只要有美國的跨國企業投資的地區，都有司凱龍的工作人員在行動，幫助美國各大公司獵取所需人才。

在歐美國家，不少獵頭公司與跨國公司有著密切的聯繫，有些獵頭公司甚至跟隨跨國公司輾轉世界各地，隨時根據企業需求進行行動。IBM 公司曾在處於低谷階段時，由於獵頭公司為其請到了郭士納先生任總裁而獲得轉機並得以長足發展。惠普公司的新掌門卡莉頓也是由獵頭公司挖過來擔任新職的。

通常，獵頭公司的運作模式有三種：僱員制、合夥制和 Sohu 制。

僱員制是一種早期的傳統型模式，類似於現在的仲介公司。這種公司往往選擇某一處寫字樓作為辦公地點，公司中的員工則四處尋訪，為客戶企業尋找需要的高級人才。

合夥制也相當於股份制公司。這種類型的公司中，每個員工都對應一定的權限，根據權限來定位利潤分配的多少。現在大多數的獵頭公司都採用這種模式。

Sohu 制是目前最新的一種模式。這種類型的獵頭公司更像是一種流動型的公司。公司員工的自由度較高，應對外界條件變化的能力較強。這種運作模式比較適合小型的獵頭公司。

二、企業怎樣利用好獵頭公司

在員工素質變得越來越重要的今天，好的獵頭公司毫無疑問是企業發展的推進器。因此，怎樣才能利用好獵頭公司就成了企業人力資源工作者亟待解決的重要問題。針對這個問題，企業應該採取一些必要的策略：

1. 許給獵頭公司合理的利潤

獵頭公司最終的目的就是用自己的信息來換取利潤。通常情況下，好的獵頭公司往往喜歡去選擇一些利潤豐厚的項目，而且在這些項目上投入更多的人力和物力，這樣為企業尋找到的人才的素質也會相應的高一些。由此看來，企業的高投入必定也會帶來相應的高回報，給獵頭公司多一些利潤空間並不是虧本的生意。

2. 相互依賴、相互尊重

企業和獵頭公司之間雖然是協議上的僱用者和受僱用者的關係，但實際上雙方應該建立一種平等互信的關係。獵頭公司對於企業的問題應該採取什麼樣的方案，採用什麼樣的方式去為企業尋找人才更富有經驗，如果企業以一種僱主的態度對獵頭公司的行動橫加干涉，或者儼然一副高高在上的姿態，勢必會引起獵頭公司的反感。人是一種感性動物，都不喜歡吃「嗟來之食」，獵頭公司亦然。

3. 及時與獵頭公司進行溝通

企業內部的環境也經常處於一種動態的變化過程中，對崗位的要求也會經常性的發生變動，此時就需要及時與合作的獵頭公司進行溝通，這樣獵頭公司才能在最短時間內根據企業的需要對自己的解決方案進行調整，保證人才的品質。

4. 信用第一

不管外部的經濟形勢發展到什麼樣的程度，信用始終是企業生存的基礎。對於企業和獵頭公司雙方來說，企業是否講究信譽多多少少都會通過獵頭公司作用到第三方(企業或者個人)，而信譽恰恰又是獵頭公司的生命。如果一個企業對待獵頭公司的忽左忽右，就相當於在損害獵頭公司對於第三方的信譽，雙方的合作是不能長久的。

5. 把握好獵頭公司的數量

有經驗的企業經常會選擇三家左右的獵頭公司作為合作的對象，一家作為主要的服務提供商，另兩家起到輔助的作用。企業能夠提供給獵頭公司的利潤也是有限的，如果企業選擇的獵頭公司太多，就會形成「三個和尚沒水喝」的態勢，太少又對獵頭公司起不到催促的作用。

第三節　校園招聘

每年的應屆畢業生是社會新進員工的重要來源，初次踏上社會的「學生軍」不但富有朝氣和拼搏精神，絕大多數還很敬業。企業若能利用好校園招聘，將會給自己帶來全新的發展空間。

一、怎樣執行校園招聘

現在常見的校園招聘形式主要有兩種：一種是政府組織的應屆生招聘專場，另一種是企業直接到學校中去進行現場招聘。與企業平常的招聘工作類似，進行校園招聘的流程也是先進行崗位分析，然後進行招聘面試。但是，與以往不同的是，在校園招聘時企業要考慮更多的校園因素。

1. 把握好校園招聘的時間

每年的六七月是高校畢業生離校的高峰時期，隨著畢業生數量的年年增加，絕大多數學校對畢業生的就業問題愁上加愁，此時對企業的到來，學校是再高興不過的，必定會給企業提供全力的幫助。一般來講，企業進校園招聘的最佳時間是在每年的 4～6 月，過早或者過晚，學生要麼忙於課程的學習，要麼已經離校，招聘的效果就要大打折扣了。

2. 與學校進行必要的信息交流

根據每個學校的性質不同，其內部的學科分配也是不一樣的。企業在進學校進行招聘之前需要與學校進行必要的信息溝通，充分瞭解畢業生的狀況，這樣才能避免招聘的盲目性。例如，如果一家電子公司不經考察就去機械學院進行招聘，無疑是自找沒趣，學機械的學生對電子是一竅不通，自然也不願意前去應聘。

3. 企業要有自己的特色

每年進入學校進行招聘的企業是很多的，而剛剛畢業的這些學生常常眼光要偏高，千篇一律的企業招聘對他們來說根本沒有什麼興趣。因此，企業要想吸引畢業生的眼光，就必須要有自己的特色。如在往年的校園招聘會上，有些企業別出心裁地將自己的企業狀況製作成光碟，現場進行播放，在學生中引起的效果不錯。

隨著校園招聘的廣泛應用，越來越多的名企也將校園招聘納入了自己的招聘計劃或者宣傳計劃之中。通用(GE)公司每年的實習生計劃中大約有 50%的實習生轉正，而寶潔公司的實習生轉正率就更高了。而摩托羅拉公司推出的「MOTO 校園」似乎就不是為了提前招聘，而主要是擴大摩托羅拉這個品牌在大學生消費群中的宣傳與影響。因為該項活動中只有少數實習生能夠得到轉正的機會，大部份實習生將在實習期結束時得到摩托羅拉公司頒發的實習證書。甲骨文公司作為全球最大的系統軟體公司，於 2007 年推出的實習生計劃是被作為該公司整個「金色計劃」的一部份而設立的，而「金色計劃」的主要日的是幫助提高軟體教育水準，因此大部份實習生只能得到一個月的學習和實踐機會，卻很少能夠被留下來成為正式員工。

除去以上這些外，企業與學生進行一次面對面的交談也是必要的。剛剛畢業的學生社會經驗十分有限，心理承受能力也不足，他們到底能不能經受住社會條件的考驗，到底是不是企業需要的人才，還需要工作人員與他們進行面談才能一窺究竟。

二、應屆畢業生的優勢及選拔方法

相比較於其他人才群體而言，應屆畢業生社會經驗嚴重缺乏，那些拒絕應屆生的國內企業也多數只看到了應屆生的這一不足。而寶潔等國際大企業看到的，卻是應屆生自身所擁有的諸多優勢，這些優勢包括：

1. 可塑性強

知名企業大都強調自身獨具特色的企業文化，要求員工的言行舉止符合企業文化要求。為了達到目的，這些知名企業不僅非常注重企業文化建設，而且也特別用心於對員工進行企業文化培訓。然而，不同的企業文化在價值觀等領域都有截然不同的個性，在員工已經接受一種企業文化薰陶的情況下，要對他進行另一種企業文化的培訓，會增加難度，最終影響員工接受該企業文化的程度。而在這方面，應屆生有自身的優勢，他們在企業文化方面沒有積澱，就像一張白紙，可塑性強。對他們進行企業文化的培訓，效果好，穩定性強。

2. 避免業界競爭

如果企業招聘的人員不是應屆生，其來源則往往是同行業的熟練員工，這非常容易引起同行之間的人才競爭。招聘同行業的熟練員工固然可以節省培訓費用，但對於整個行業未來來說，卻大有隱患。一方面是造成同行業員工薪酬福利攀比，不利於員工安心工作。另一方面，使用熟練員工，會對新員工培訓不足，整個行業發展缺乏人才儲備。有鑑於此，有些企業特別是一些實力雄厚的大企業，憑藉著豐富的培訓資源，通過培養應屆生，形成符合自己要求的員工隊伍，更容易獲得行業發展的先機。

3. 使用應屆生風險小

使用應屆生在薪酬方面比往屆生低。一般來講，薪酬在平均線，應屆生就能夠接受。對於知名企業，即使薪酬低於平均線，應屆生也願意接受。而招聘從同行業跳槽的員工，待遇遠比應屆生要高，而他們再次跳槽的可能性較大。這樣既增加了用人成本，又不利於企業形成較穩定的團隊，最終影響企業人力資源的使用效率。從各大院校的畢業生中招聘符合企業要求的員工，已經成為越來越多的組織經常使用的招聘方式，因為很多學校的畢業生往往是組織中的管理人員、專業技術人員最重要的來源。雖然校園招聘能夠找到相當多數量的具有較高素質的合格申請者，但許多畢業生由於沒有實際工作經歷。對工作期望很高，因此學校招聘來的學生在頭幾年內流失率較高，相對於其他招聘形式來說，成本較高，花費也較大。所以必須提前相當長的時間進行準備工作。

和其他招聘一樣，企業進行學校招聘的首要目標是對求職者進行篩選，其次是把優秀候選人吸引到組織中來。要達到這兩個目標，需要組織做好以下幾個方面的工作：

⑴根據招聘的目的設計有效的面試表，著重考查求職者的積極性、溝通技能、教育水準、外表以及態度等幾方面的內容。

⑵培訓校園招聘人員，使他們不僅在招聘中正確判斷高素質的應聘者，而且為組織創造良好聲譽。

⑶在招聘過程中對學生保持一種誠懇而不拘禮儀的態度，尊重他們，及時回覆他們的申請。

⑷與學校的學生工作部門以及教師建立良好關係，讓他們在工作中經常向學生介紹組織的信息，有的組織還在學校設立獎學金，與學校橫向聯合，資助優秀或貧困學生，借此吸引學生畢業後去該組織工

作。

每一個企業都希望能招聘到最優秀的員工。在採取學校招聘方法時要想實現這個願望就必須選擇最恰當的學校。企業在決定去那一所學校招聘時，一般需要考慮以下因素：學校的聲望、原來從該校招聘的員工的工作績效、學校的地理位置、過去在該學校進行招聘時的成功率、潛在招聘對象的數量。在大學校園招聘中，一個經驗是最著名的學校並不總是最理想的招聘來源，其原因是這些學校的畢業生自視甚高，不願意承擔具體而煩瑣的工作，這在很大程度上妨礙了他們的職業發展。像百事可樂公司就很注意從二流學校中挖掘人才。

現在的企業越來越多地採取了這種招聘方法，國外的許多企業，常常在大學生還沒有進入畢業年級時就開始展開吸引攻勢。這些組織常用的手段包括向大學生郵寄卡片、贈送帶有組織簡介的紀念品、光碟等。組織在邀請優秀的學生到組織進行現場訪問時，為使這種訪問富有成果，應該注意：邀請函要熱情而友好，但又要富有商業味道；讓求職者有選擇時間的餘地；安排專人同求職者見面；準備好訪問活動時間表，在活動開始之前交到被邀請者手中；準備好相應介紹材料；制訂詳細面談計劃，時間安排儘量緊湊，避免因一些意外事件使面談中斷；在訪問結束時，應該告訴求職者什麼時候能夠得到結果通知。在錄用通知發出以後，還應注意採取信息跟蹤。

第四節　如何進行網路招聘

網路招聘，或在線招聘或電子招聘(e-recruiting)，是指企業透過公司自己的網站、第三方招聘網站等機構，並透過電子郵件或簡歷數據庫收集應聘信息，經過信息處理後，初步確定空缺崗位人選的過程。

網路招聘利用 Internet 技術進行的招聘活動，包括信息的發佈、簡歷的收集整理、電子面試以及在線測評等。它並不僅僅是將傳統的招聘業務搬到網上，而是一種互動的、沒有地域限制的、具備遠端服務功能的、全新的招聘方式。

一、網路招聘的三種形式

網路的誕生無疑給企業的招聘機制帶來了翻天覆地的變化。企業可以通過網路發佈招聘信息、接收應聘者的求職材料，甚至是與應聘者在線進行交流，大大簡化了招聘的流程，節省了大量人力、物力成本。

隨著網路的不斷普及，使企業用最少的經費在最大範圍內尋找合適的人才成為現實，網路招聘也因此而逐漸流行起來。現在主流的三種網路招聘方式如下：

1. 建立自己的企業網站

一些大公司都會建立自己企業專門的網站，如著名的戴爾、intel、微軟等，通過自己的網站，這些公司將自己的產品、業務範圍和企業文化等展示出來，不但可以進行廣告宣傳，向客戶提供服務，最重要的就是能夠在線進行優秀人才的招聘。

企業如果要建立自己的專屬網站，就需要勤於打理，要有專門的人員定時將最新的內容發佈到網站上；其次，在網站上設立招聘專區，提供最詳細的招聘資料。

2. 企業選擇專業人才招聘網站

最好的網路招聘管道就是借助專業的人才招聘網站，近年出現了不少專業的人才招聘服務網站，例如人力銀行、英才網、智聯招聘等。這些人才網站信息量大，是企業和個人信息的聚集地，能同時為企業或者個人提供全面的招聘信息，還可以對企業的招聘信息進行網路管理，保證信息的長期有效性。

企業在選擇專業的人才網站時，需要注意一些特殊情況。有些企業不管招聘什麼樣的員工都喜歡在大型的人才網站上發佈招聘信息，對於普通員工來說，還是當地一些小型的人才專門網站比較合適。這些小型的人才網針對性強，而且反應速度也快。在選擇人才網站的時候，企業也需要考察其系統的完善性，通過信息的完善與否，企業可以準確推斷出該網站的可靠性大小。

BBS 也是近些年來逐漸興起的網路招聘形式之一。BBS 是英文「Bulletin Board System」的縮寫，中文稱為電子佈告欄，是 Internet 上熱門的服務項目之一，企業只要通過遠端登錄的方式，就可享有在遠端主機上張貼佈告、網上交談、傳送信息等功能。這種方式發佈信息的成本幾乎為零，但是影響力有限，也不利於體現公司的形象，一般適用於小型的企業。

3. 通過交流軟體

這是企業人力資源工作者通過一些即時的聊天軟體，如 MSN 等，與應聘者進行即時交流的方法。這種方法相對於以上兩種來說比較簡單，但是可靠性較差，只適合一些小企業進行數量較少招聘的時候使用，也可以作為以上兩種招聘方法的輔助手段。

二、網路招聘的優劣分析

與傳統的招聘方式如在報紙雜誌上發佈招聘廣告、舉行招聘洽談會以及人才獵取等方式相比，網路招聘具有如下優勢。

1. 提高了招聘速度

利用搜索引擎和自動配比分類裝置，招聘單位可以迅速找到符合其要求的潛在人選；自動回饋功能可以使求職者立即得到確認提示，從而更有效地識別、發掘優秀人才。整個招聘過程縮減到幾天左右，而廣告、獵頭公司等方式的招聘時間常常要長達數週或數月。

2. 降低了招聘成本與費用

採取傳統的校園招聘、人才市場等招聘方式，招聘單位的招聘成本相當高。而網路招聘沒有時間、空間、地域限制，供求雙方足不出戶便可直接交流，大大節約了招聘單位人力資源管理部門的精力、時間和費用，應聘者也可以節省應聘成本。

3. 增強了招聘信息的實效性

網路招聘沒有時間限制，24 小時開放，供求雙方可以隨時進行交流。招聘單位可以根據需求及時更新招聘崗位，傳遞給求職者最新的信息。

4. 擴大了招聘覆蓋面

傳統的媒體招聘要受到地域及語言環境的制約，而網路招聘不受時空限制，使異地求職成為可能，促成了人才的合理流動。另外，網路人才市場信息保留時間長、影響大，有些職位是企業常年招聘的，可滿足企業招聘人才的需要。網路人才市場也提供了龐大的中高級人才數據庫，方便企業主動出擊，聯繫自己所需的人才。

5. 能夠提供增值服務

一般的人才網站同時為企業和網民提供招聘服務，有些人才網站還向企業的人力資源管理部門提供專業的人才測評、在線電子面試、在線薪酬顧問、在線評估、在線培訓等增值服務，同時承擔專業的人力資源管理諮詢網站的功能。

網路招聘雖然存在許多積極方面，但也帶來了一些負面影響。

首先是信息處理的複雜性。招聘信息發佈後，往往吸引來大量的應聘者，其中有些求職者是不符合要求的，但他們也抱著僥倖的心理填寫簡歷應聘。這樣，不僅影響了正常的招聘工作，而且大大增加了招聘篩選的難度和強度。

其次，虛假信息大量存在。從應聘者的角度來說，應聘者在流覽招聘單位的信息後，有足夠的時間和機會對自身進行包裝，甚至可能會針對招聘單位的需求加工編造個人簡歷，令人霧裏看花，難辨真偽。

三、網路招聘與傳統招聘方式的比較分析

招聘管道可多種多樣：招聘會、報刊雜誌、電視廣播、人才獵取、人才服務中心、員工推薦、校園招聘、網路招聘等。而傳統招聘方式是指除網路招聘外的其他招聘方式，這其中又以招聘洽談會、報紙和雜誌廣告、人才獵取三種最有代表性。

1. 招聘成本分析

招聘成本的分析是決定招聘工作何時何地及如何開始的重要因

素。一般來說，招聘成本是指平均招收一名員工所需的費用。它包括內部成本、外部成本和直接成本。內部成本為企業內招聘人員的薪資、福利、差旅費支出和其他管理費用。外部成本為外聘專家參與招聘的勞務費、差旅費。直接成本為廣告、招聘會支出，招聘代理、職業介紹機構收費等。由於網路招聘與傳統的招聘方式中內部成本與外部成本的差別不是很大，這裏著重分析一下招聘的直接成本。

⑴招聘洽談會

各個地方的人才市場每週舉行的小型的招聘洽談會，其直接費用比較少；大型的招聘洽談會，如每年的春季人才市場，其費用較高。

⑵報紙和雜誌廣告

這種招聘方式的費用也很高。其費用高低受版面大小、位置、色彩、報刊覆蓋面等因素制約。

⑶人才獵取

人才獵取也是近幾年才出現的新興事物，在一些中小城市還不普遍，在一些大城市已經成為獵取高級人才的首選了。這種招聘方式費用很高，按照國際慣例應提取招聘者年薪的30%作為招聘費用。

⑷網路招聘

企業可以根據本企業的實際情況選擇不同的招聘方案。大多數企業都是在人才網站註冊成為會員，由人才網站為他們提供服務。如發佈人才招聘啟事、查詢人才簡歷、提供仲介服務、人事規劃、人事診斷等。這種招聘方式費用較低，企業如果有自己的網站也可以在自己網站上發佈需求信息，這種方式的直接成本更低，但影響力有限。

2. 時間投入分析

在各種招聘方式中只有人才獵取這種方法不需要投入大量時間，但它卻是以高費用為代價的。其他的傳統招聘方式一般都需要投入大量的時間對應聘者簡歷進行篩選。但網路招聘卻可以省掉很多時間。一方面通過電子郵件郵寄簡歷要比傳統的通信方式更加迅速、高效；求職者也可以通過郵件與用人單位交流。但更為明顯的好處是工作人員可以從篩選簡歷繁雜的工作中解脫出來。一些人才網站推出的「網才」招聘軟體，如同一個虛擬的招聘員，提供了包括求職者信息登記、初步篩選、來信回覆和信息分檔存儲等一攬子解決方案。它允許人事經理建立自己的篩選標準，對求職者進行初步過濾，並對退、留郵件設置不同標記，自動回覆和存檔；將處理簡歷的速度由原來的每天三四十個迅速提升到每天兩三百個。

3. 招聘效果分析

企業招聘管道的選擇是招聘效果好壞的關鍵。傳統的招聘方式都有一定的局限，有的適合招聘高級人才，有的適合招聘中級人才。而網路招聘適用面很廣，上到高層管理人員，下到一般的辦公室職員都可以招到，並且它不受時空、地域限制，從而更有利於選拔到優秀人才。

從招聘的成功率來看，網路招聘也更勝一籌，利用洽談會招聘人才往往會出現這種情況：一連參加了十幾場招聘會，花費了大量的人力、物力、財力，卻沒有一個合適的人選。這是因為合適的求職者與用人單位之間信息閉塞造成的，在招聘會上有限的求職者無法滿足用人單位對高級人才的需求，越來越多的人事經理將目光投向了網路招聘。

四、如何進行網路招聘

掌握網路招聘的正確方法無疑會提高企業招聘與選拔的效率。一般來講，企業進行網路招聘可以從下面的三步來進行：

1. 發佈招聘信息

網路招聘信息的發佈直接關係到企業招聘的效果，如何根據企業的實際情況，選擇適當的信息發佈管道就顯得尤為重要。

目前大部份的企業都會選擇第三方專業的人才網站。除去網路招聘的三種主要管道之外，企業還可以在內部的局域網上發佈招聘信息，進行內部招聘。

2. 搜集、整理信息與安排面試

招聘信息發佈以後，要及時注意回饋，從眾多的應聘者中挑選出符合條件的求職者安排面試。

(1)搜集、整理資訊

企業在人才網站註冊後可以利用這些招聘網站的人才庫自己定制查詢條件，找到符合要求的應聘者。招聘者還可以通過招聘軟體「守株待兔」，只有那些符合公司要求的求職者的簡歷才會被保留下來，大量不符合要求的簡歷被拒之門外，這樣節約了招聘者的大量時間，提高了招聘效率。

除此之外，公司可以利用搜索引擎搜索相關專業網站及網頁，在那裏發現人才，自己做獵頭。或者查詢個人的求職主頁，尤其是招聘一些 IT 業的熱門緊缺人才，在個人主頁中也許會有許多發現。

(2)安排面試

挑選出符合條件的求職者後，接下來就可以安排面試。由於網路招聘無地域限制，在不同地理位置的招聘者、求職者可以利用 Internet 完成異地面試。面試人員即使不在一起也可以通過 Internet 合作，利用網路會議軟體同時對應聘者進行考察。根據不同的求職者安排好面試人員後就可以通知求職者進行電子面試，

Internet 的發展使得我們可以有多種選擇來進行電子面試。

3. 電子面試

招聘信息的發佈與搜集整理僅僅是網路招聘的開始，電子面試更能體現網路招聘的互動性、無地域限制性，電子面試的應用才是網路招聘中重要的組成部份。但目前由於攝像頭尚未普及等各種原因，很少企業能夠真正地運用電子面試。

(1)利用電子郵件

電子郵件(E-mail)是網路上應用最多的功能，具有快捷、方便、低成本等優點，越來越多的人遠離了傳統的郵寄方式，開始利用電子郵件交流。招聘者與求職者利用電子郵件交流，可以省掉大量的時間，進而提高招聘的效率。招聘者還可以通過求職者的 E-mail 來瞭解他們的語言表達能力，為是否錄用提供依據。但利用電子郵件的互動性不強，一般都用在面試前的聯絡、溝通上。

(2)利用聊天室

公司可以利用一些聊天軟體或者招聘網站提供的聊天室與求職者交流，招聘的單位可以一家佔用一個聊天室，在聊天室裏進行面試。就像現實中一樣，單位可以借此全面瞭解求職者，也可以順便考查求職者的一些技能，例如電腦常識、網路知識等。求職者也可以向單位就職業問題提問，實現真正的互動交流。但是通過這種文字的交流還是有一定的局限。一方面，它反映不出求職者的反應速度，思維的靈敏程度；另一方面，求職者也可能會請人代替他進行面試，在虛擬的網路世界裏，企業無法識別求職者的真偽。為了能夠在第一時間得到應聘者的回答，用人單位還可以在語音聊天室利用語音聊天與求職者交流，這樣既可以見到求職者的文字表述，又可以聽到求職者的聲音。

⑶視頻面試

聲音的傳送已經無法滿足現代人溝通的需求，立即、互動的影像更能真實地傳送信息。「視頻會議系統」有時又被稱為「電視會議系統」。所謂的視頻會議系統是指兩個或兩個以上不同地方的個人或群體，通過傳輸線路及多媒體設備，將聲音、影像及文件資料互傳，達到即時、互動的溝通。與在聊天室進行面試相比，利用視頻面試不僅能夠聽見聲音還可以看到應聘者的容貌，避免了聊天面試的缺點，具有直觀性強、信息量大等特點。使得網路招聘比傳統招聘方式更具優勢。相信隨著設備成本的下降，視頻面試在不久的將來就會普及。

⑷在線測評

隨著素質測評日益受到企業的重視，有一些網站開始將素質測評作為自己的服務項目之一。網路招聘是一種虛擬的招聘方式，在面試之前招聘者只能從簡歷中瞭解應聘者的情況。事實上，很少有簡歷能夠直接告訴你所關心的應聘者的素質，特別是那些從網上下載的簡歷，因為求職者只能按照招聘網站提供的統一的格式填寫，信息量有限，所以在你決定約見一個應聘者進行面試之前，簡歷往往不能使你獲得你所需要的甄別信息。而素質測評的應用可以為企業解決這一難題。求職者可以在測評頻道中進行測試，然後自動生成一份測評報告，它可以在招聘者花費大量寶貴的面試時間之前，就能讓他們洞悉每一個應聘者的整體素質。這樣可以為他們節省大量的時間，從而進一步提高招聘的效率。

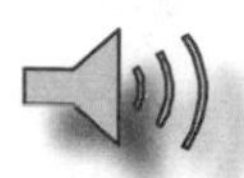

第五節　現場招聘會

參加現場招聘會也是企業搜尋人才的大好機會，這種招聘途徑可以讓企業與應聘者直接進行面對面的交談，企業也可以利用招聘會進行一定程度上的企業形象宣傳，簡單而有效。

每年政府都會組織大量的招聘會來促進就業，每年也會有大量的企業積極參加到招聘會中。然而，每次招聘會結束後，卻總是有人歡喜有人優。有些企業滿載而歸，有些企業卻「白跑一趟」。之所以在招聘會中沒有收穫，大多數情況就是由於現場招聘的組織工作沒有做好。

1. 招聘現場佈置

招聘現場不僅僅是為了招聘人才，還是企業實力的一次展示。首先，要將自己企業的招聘會儘量佈置的顯眼，這樣才能引起應聘者的注意。其次，將自己企業的招聘要求、薪資待遇、企業地址等信息儘量詳細地公示出來，減少無效應聘。這兩個步驟下來，不僅會使招聘工作變得輕鬆自如，得心應手，還會將企業的誠意和認真程度一展無餘，引起應聘者的重視。

2. 招聘態度

在實際的招聘會中，並不是每個企業都能做到盡善盡美。經常會看到這樣的情況：招聘會開始了，企業攤位上還沒有人；招聘會過程中，企業的工作人員隨隨便便，漫不經心等。這些其實都是一個企業對待人才的態度問題。對於企業來說，優秀人才在什麼時間出現在招聘會上是不可預料的，一個漫不經心也許就會與真正的人才失之交臂，這是企業莫大的損失。再者，一個企業在招聘會上的態度如此，應聘者感受到冷落是理所當然的，誰還會向一個冷落自己的企業投遞簡歷呢？

3. 招聘考核時間

在招聘會上進行人才的篩選是有講究的，一般都是在上午收集應聘者的簡歷，然後在下午進行重點考核，也可以在接收簡歷的時候適當問一些問題，但不宜時間過長。有時候，某些企業的招聘工作人員會在接受簡歷的現場與某個應聘者長時間交談，雖然本意是好的，但是優秀的人才卻往往對一個不講究效率的企業沒有耐性。因此，招聘工作人員在接收簡歷的時候，如果需要與應聘者進行現場交談，最好能保持在 5～10 分鐘，不宜過長。

第六節　實習生計劃

實習生計劃與校園招聘的不同之處首先在於招募的對象。校園招聘只針對應屆畢業生，而實習生計劃主要針對大二、大三以及研一、研二的在校生，從廣義上也可包括應屆畢業生。

企業為何越來越熱衷於實施實習生計劃？主要原因如下：

· 提前發現與儲備人才
· 提升僱主品牌
· 滿足對階段性人才的需要
· 完善人力資源管理制度
· 降低企業成本，提高企業經營效益

一、招聘期管理

在求職競爭越來越激烈、人才要求水漲船高的今天，擁有豐富或相關領域的實習經歷，已經成為企業招聘應屆畢業生時一項重要甚至是必備的條件。實習成為大學生最重要的一門必修課，越來越多實習生的到來也給企業人力資源管理帶來了一門新功課，而不少人力資源管理人員顯然在這門功課上遇到了難題。

1. 計劃期管理

(1)明確目的，視實習生為潛在競爭力

將實習生視為潛在競爭力，則更強調實習生也是一類「人力資源」，將其放入企業的人力資源戰略中進行規劃，把實習生管理融入整個企業的人力資源管理過程中，視「實習生與企業的共同成長」為目標，追求個人價值和企業價值最大化之間的平衡。

(2)進行職位分析，確定那些職位需要招聘實習生

對於實習生計劃來說，進行職位分析可以確定那些崗位需要招募實習生、招募什麼樣的實習生，而那些崗位招用正式員工更為適宜，還可以確定透過何種管道、方法更容易招聘到具有某種素質的人才。

2. 招聘期管理

(1)及早行動，以獲得先機

較早開始實習生招聘的多為知名跨國企業。一般情況下，在每年3月就啟動實習生計劃，安排人力資源部前往各校開展宣講，並且提供常規的暑期實習、海外商業競賽等不同的方式，以滿足學生不同的時間要求和不同的特長。

也有許多企業採用機動的實習生安排，設立專門的實習生招聘網

頁，常年接收學生的申請，一旦有適合的崗位空缺，便會安排學生前來實習。

⑵確定選拔標準

由於企業往往會把實習生作為未來的員工來培養，或者是為了滿足階段性的用人需求，因此，對於實習生的選拔都不會草率而為，往往會有比較嚴格的選拔標準。從硬性標準來看，學歷、專業、成績與相關歷練等多是必需的。例如，某跨國公司招聘實習生的基本要求是：透過大學英語六級或英語專業四級考試、平均分(grade point average，GPA)排名在班級或專業前 50%，優先考慮那些在校期間有跨國公司實習、奧運志願服務、商業競賽獲獎、海外交流項目、學生會或社團領導等經歷的優秀學生。

⑶廣開招聘管道，擴大宣傳面

企業可以透過管道將實習生需求傳遞給大學生。

①在企業的網站上發佈招聘信息，實習生可以在線提交簡歷。

②大學的 BBS。

③與招聘網站和媒體合作。

④內部推薦。因為優秀的學生一樣會結識其他優秀的學生，更重要的是，與在職人員不同，在校學生之間彼此瞭解的程度更深，這更能有力地保證招聘的準確性和可靠性。

⑷尋找學生的實習動機

在實習生招聘階段必須意識到一個潛在的問題：一部份學生進入組織實習的意圖並不在於真正加入該企業，尤其是對於知名企業而言，部份學生將實習經歷作為尋求其他知名公司的跳板。然而，知名企業使用實習生的目的往往不在於降低用人成本，而是真心誠意地希望發掘和保留一批有潛質的人才。因此，企業不能因為是招聘實習生，就放鬆甄選標準，而必須在招聘階段就嚴肅考慮未來的留人問題，即甄選出不僅有潛質更有意願加入組織的學生。

二、正式實習期管理

⑴確定「輔導員」和「夥伴」，使實習生儘快融入

實習生制度中必不可少的一個部份就是輔導員制度，稱為「工作指導人」或「導師」。不論頭銜如何，只要引進實習生，企業就應當安排相應的資深員工對其進行幫助和指導。一方面在具體工作上協助學生掌握技能，解決遇到的疑難問題，儘快開展工作；另一方面也能夠為實習生提供一種心理上的歸屬感，協助其儘快在組織內部建立若干人際關係，這種人際安全感和社會歸屬感對於實習期結束後學生留在組織中的意願起著非常關鍵的作用。

⑵進行系統的培訓，滲透企業理念

從學校到工作崗位，實習生的角色轉變需要一個過程，企業需要進行「入門」培訓，讓實習生充分認識公司文化和工作環境，系統瞭解產品與業務流程。同時，企業還可以安排實習生參與內部的項目，由資深的員工做項目經理對其予以指導。

⑶一視同仁的工作內容，培養實習生

許多企業在實習生管理上存在偏失，即專門指派實習生進行列印、傳真、預訂酒店、機票等工作，這一方面浪費了企業的人力資源，另一方面也無益於培養和保留人才。更好的做法應當是讓實習生從事正式員工入職初期的真實業務工作，或與正式員工一同處理當前的項目。

⑷全面評估，有效甄選

實習生計劃的重要目的是更深入全面地評估人才，並甄選出適合企業自身的人才。因此，評估與考核工作必不可少，它們是檢驗實習生項目成果的重要部份，要最終確保有相當一部份校園招聘中錄用的畢業生是從前期的實習生活動中挑選出來的。

三、實習後期

實習期結束後，企業應當盡可能留下一批在實習期間表現良好、學習能力強、能夠融入組織和團隊氣氛的學生，這批人選是公司的財富；同時也應當放棄一部份不能勝任工作或不能得到領導和同事認可的學生。

實習期結束並不意味著實習生計劃的結束，最後非常重要的一步在於對整個實習生計劃的效果進行分析和總結，這是成熟的實習生制度必不可少的一個環節。

實習生計劃要注重實效性，實習過程中關注學生的階段性反應和感受，要有定期的座談會；在實習生回到學校繼續完成學業的過程中，要與他們保持持續的關心與交流，提高其對企業的認同度。有的企業還設立了實習生俱樂部、實習生網路論壇等，並不定期地舉辦實習生感興趣的主題活動，持續打造企業在校園中的僱主品牌。

四、實習協議

實習協議

甲方：________________

乙方：________________　　身份證號碼：______________

甲、乙雙方經友好協商，就乙方在甲方實習事宜達成如下協定：

一、甲方同意接收乙方____小姐/先生到甲方處進行實習。

二、實習期限為__個月，自__年__月__日至__年__月__日。

三、乙方在甲方實習期間，必須服從甲方管理，認真執行甲方各項規章制度，如屢次違反甲方各項規定，影響工作順利開展，甲方有權即時終止實習協議。由於乙方過失或故意所為，給甲方或外派單位造成損失，甲方有權要求乙方賠償損失。

四、乙方在甲方實習期間，按時按甲方的規定考勤。實習期間和實習結束後，乙方必須保守甲方的商業秘密（包括一切非公開的信息）。

五、乙方在實習期間，交通補助為每月___元，膳食補助為每日___元，該兩項補助均以考勤為準，由甲方按月支付給乙方。

六、實習期間，甲方根據工作需要，派員對乙方進行工作指導。實習期滿後，乙方向甲方提交實習報告以及合理化建議，甲方憑此給乙方出具實習考評意見。

七、本協議履行期間，甲乙雙方均有權隨時提出解除本協議。在乙方完成交接工作後，甲方為乙方結清當月膳食、交通補助費用。

八、實習期間，甲方僅為乙方提供現有的實習環境，且甲方與乙方不存在勞動關係，乙方的人事等關係不受甲方的管理。

九、實習期滿後，若甲方需要，可考慮優先錄用乙方。

十、除上述約定外，雙方不存在其他任何權利義務關係。任何一方不得超出本協議範圍向對方提出任何主張和程序。

十一、本協議一式兩份，雙方各執一份。

甲方：　　　　　　　　　　乙方：

簽章：　　　　　　　　　　簽章：

簽約時間：　年　月　日　　簽約時間：　年　月　日

第 3 章

制定招聘工作流程

第一節　企業的年度招聘需求計劃

招聘需求確定是組織招聘工作的起點，公司的員工招聘需求來源於人力資源規劃、績效改進需求，以及員工職業生涯發展的需求，據此設計適時的、有針對性的招聘計劃。企業的招聘需求包括公司年度用人計劃、追加補充用人計劃兩個環節。下面對這兩個方面進行分析。

對各部門的年度人員需求進行收集、整理、綜合，提高人事需求確定的精確性，形成《公司整年度用人計劃》。

圖 3-1-1　年度招聘計劃制訂流程圖

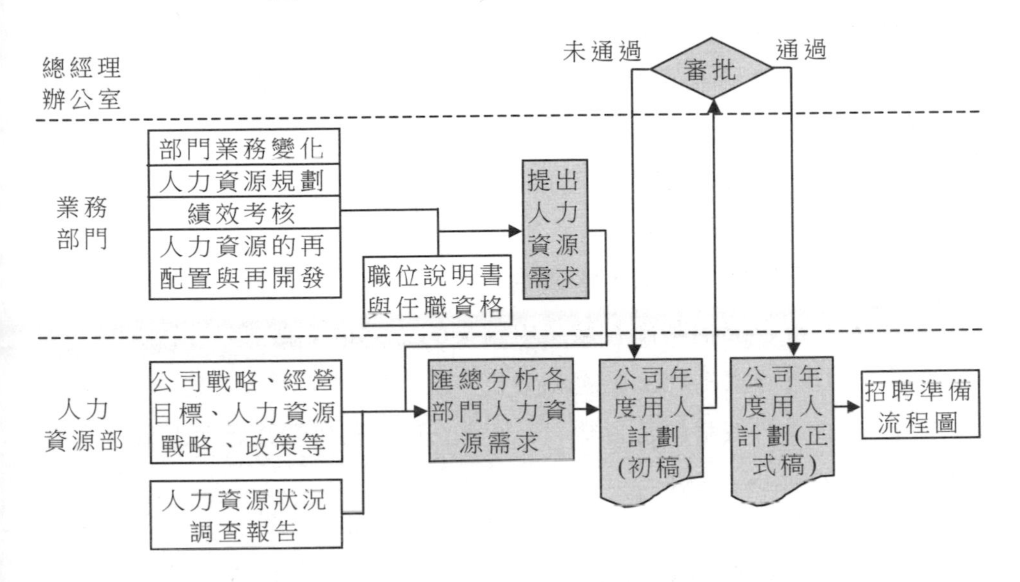

1. 部門招聘需求溝通

⑴部門經理在每年年初的組織戰略會議和部門戰略會議召開之後進行。

⑵經理全面瞭解所屬部門的戰略和業績目標；

⑶根據部門業務發展需要、績效改進需求、員工個人的職業發展需要，部門經理與員工共同確定年度用人計劃；

⑷經理填寫《部門人員需求表》。

⑸《部門人員需求表》，包含信息：包括職位相關信息，即職位名稱、補充理由、工作內容、工作要求、任職資格以及相關人員分析等，這些信息須對應聘者的學歷、專業、性別、年齡、經歷、經驗、專長及到位時間做出明確要求。

2. 遞交人員需求申請

⑴部門經理在招聘需求溝通之後 1 天內完成。

⑵部門經理將本部門的《部門人員需求表》交給人力資源部招聘主管；

⑶招聘主管要與部門經理進行及時溝通，確定是否必須進行招聘，並對招聘需求做出進一步詳細的瞭解。

3. 匯總分析各部門招聘需求

⑴人力資源部招聘部在遞交申請後的 1 週內完成。

⑵人力資源部招聘部匯總和分析各部門的《部門人員需求表》；

⑶根據公司戰略經營目標、人力資源戰略和相關政策等基礎上對匯總後的計劃進行分析。

⑷所需表格：各部門《人員需求表》。

4. 形成年度計劃初稿

⑴人力資源部招聘部在匯總需求表後的 1 週內完成。

⑵人力資源部對各部門年度用人計劃進行必要的匯總、整合；

⑶由人力資源部填寫《公司年度用人計劃表》，並制訂《公司年度用人計劃(初稿)》，上報人力資源部經理。

⑷所需表格：《公司年度用人計劃表》，匯總了各部門的職位信息，包括職位名稱、人數、職位說明和相應的任職資格，供人力資源部經理進行宏觀分析。

5. 形成年度招聘計劃正式稿

⑴總經理辦公會在年度計劃初稿遞交後的 2 天內完成。

⑵根據企業高層對公司戰略的思考對計劃的規模和品質進行控制，對上報的《公司年度用人計劃(初稿)》進行審批；

⑶若有不同意見，則返回人力資源部進行修改；

⑷經總經理辦公會審批通過後形成《公司年度用人計劃(正式稿)》，作為實施招聘流程的依據。

第二節　制定招聘計劃

招聘計劃制定效果的好壞直接影響到企業人力資源配置品質和招聘工作開展的情況，一般主要包括如下內容：

⑴人員需求清單。包括職務名稱、人數、任職資格要求等內容。

⑵招聘信息發佈的時間和管道。包括招聘信息發佈的時間、招聘管道及方式。

⑶招聘小組人選。包括招聘小組人員姓名、職務、職責劃分等。

⑷應聘者的考核方案及錄用條件的制定。包括考核實施場所、時間安排、考核內容及員工錄用標準等。

⑸招聘截止日期。

⑹新員工上崗時間。

⑺招聘費用預算。包括招聘廣告費、資料費等項支出。

⑻招聘工作時間表。招聘工作時間表應盡可能地詳細，以便其他部門及人員的配合。

⑼招聘廣告的制定。根據擬招聘職位，撰寫招聘廣告。

圖 3-2-1　招聘流程圖

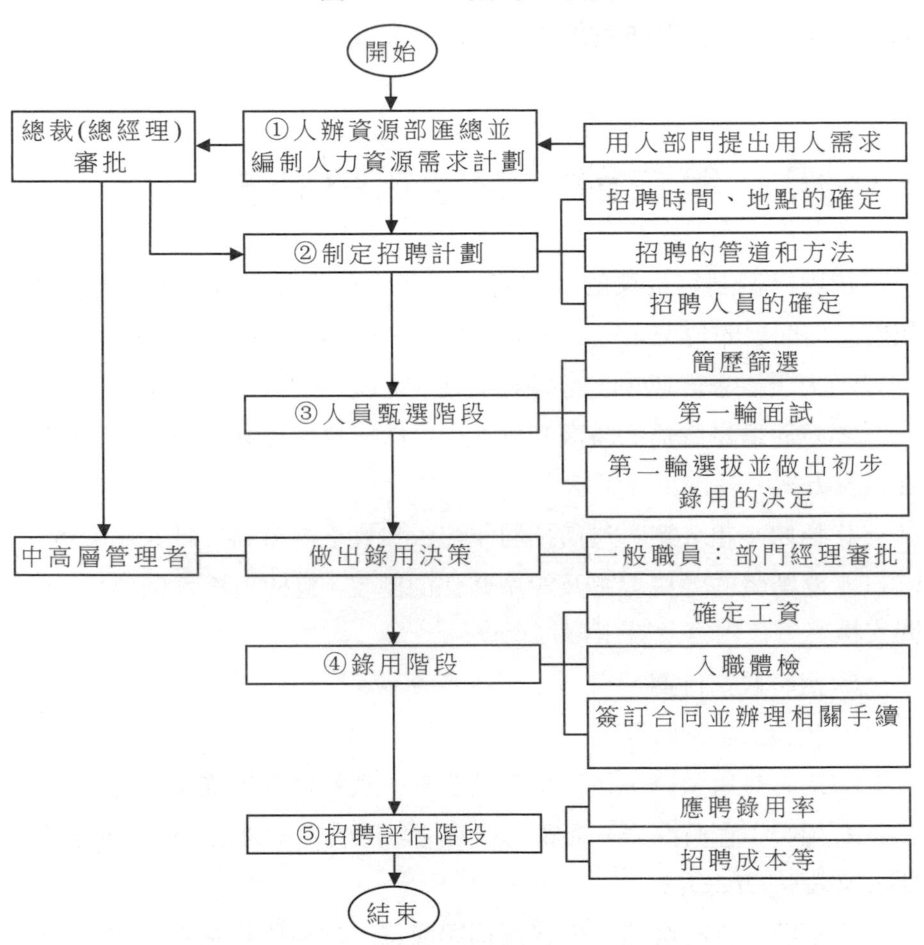
開始
總裁(總經理)
審批
①人辦資源部匯總並
編制人力資源需求計劃
用人部門提出用人需求
招聘時間、地點的確定
②制定招聘計劃
招聘的管道和方法
招聘人員的確定
簡歷篩選
③人員甄選階段
第一輪面試
第二輪選拔並做出初步
錄用的決定
中高層管理者
做出錄用決策
一般職員：部門經理審批
確定工資
④錄用階段
入職體檢
簽訂合同並辦理相關手續
應聘錄用率
⑤招聘評估階段
招聘成本等
結束

一、確認招聘需求

確認招聘需求是招聘工作的出發點，沒有招聘需求，也就沒有開展招聘工作的必要性。招聘需求的確認可通過兩種管道，一種管道是通過企業年度人員配置計劃來確認所需要招聘的人員數量及崗位，另一種管道則是通過企業各部門根據業務變動情況提出用人需求來確認。

1. 先通過人員配置計劃確認招聘需求

人力資源部根據企業人力資源規劃及工作分析，可制定企業每年度的人員配置計劃，從而確定企業每個崗位所需人員數量、職位空缺數量及相應的人員填補方式等。這種方法所確認的招聘需求，主要是人力資源部基於企業整體發展戰略及人力資源規劃而做出的有計劃的人員需求分析。

圖 3-2-2　招聘需求確認（一）

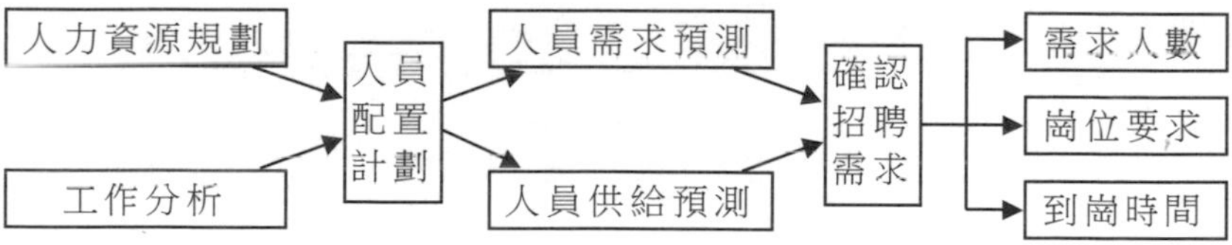

人力資源規劃
工作分析
人員配置計劃
人員需求預測
人員供給預測
確認招聘需求
需求人數
崗位要求
到崗時間

表 3-2-1 部門招聘需求申請表

<table>
<tr><td>申請部門</td><td></td><td>增補職位名稱</td><td>增補人員數額</td><td>希望到崗日期</td></tr>
<tr><td rowspan="4">申請增補理由</td><td rowspan="4">□擴大編制
□儲備人力
□辭職補缺
□臨時需求
□其他(請註明)</td><td></td><td></td><td>年 月 日</td></tr>
<tr><td></td><td></td><td>年 月 日</td></tr>
<tr><td></td><td></td><td>年 月 日</td></tr>
<tr><td></td><td></td><td>年 月 日</td></tr>
<tr><td rowspan="2">應具備的任職資格條件</td><td colspan="4">性別：□男 □女 □不限
年齡： 歲～ 歲
學歷：□博士 □碩士 □本科 □大專 □大專以下</td></tr>
<tr><td colspan="4">專業：
職稱：□高級 □中級 □不限
英語：□精通 □熟練 □良好 □一般 □不限
經歷：
技能：
其他：</td></tr>
<tr><td>崗位職責描述</td><td colspan="4">申請部門負責人(簽字)
年 月 日</td></tr>
<tr><td>主管意見</td><td colspan="4">主管(簽字)
年 月 日</td></tr>
<tr><td>人力資源部意見</td><td colspan="4">人力資源部經理(簽字)
年 月 日</td></tr>
</table>

2. 根據業務變動確認招聘需求

企業各部門的業務活動不斷地發展，也會產生臨時的用人需求（業務範圍擴大、部門人員突然離職、調動等情況），這也是構成招聘需求的重要來源。業務變動導致的招聘需要各部門負責人首先提出用人申請，再由企業人力資源部統一協調實施人員的招聘活動。

圖 3-2-3　招聘需求確認(二)

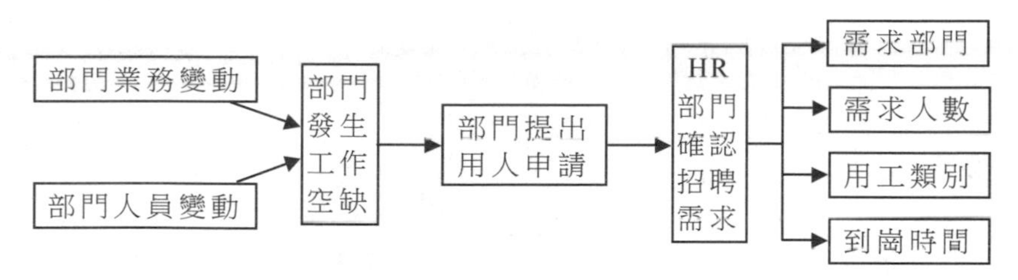

這種方法所確認的招聘需求，主要是企業各部門根據自身業務情況臨時向人力資源部提出的用人需求。

3. 招聘需求表的編制

人力資源部在確認招聘需求後，還應編制相應的人員招聘需求匯總表，以方便招聘活動的實施。

針對不同崗位、不同職位人員的招聘所產生的招聘費用、所選擇的招聘管道等都會有所不同。人力資源部在進行人員需求匯總時，也應對擬招聘人員的結構進行分析，以便選擇不同的招聘方式和管道。

表 3-2-2　××××年度人員需求表

部門	崗位	人數	專業要求	學歷要求	工作經驗	備註
行政部	辦公室主任	1	行政管理相關專業	本科	3年	—
	行政助理	1	文秘、中文、行政管理等專業	大專	1年	形象好氣質佳
財務部	會　計	2	財會類相關專業	大專	2年	具有初級會計證
生產部	生產班長	3	不限	中專	2年	從事生產現場管理
	操作工	10	不限	不限	不限	—
銷售部	管道經理	1	市場行銷相關專業	大專	3年	相關行業銷售經驗
	銷售員	5	市場行銷相關專業	不限	不限	—
—	—	—	—	—	—	—

4. 確定「外聘」或「內調」

招聘管道分為：內部招聘和外部招聘。企業應根據招聘的職位不同、人員素質要求不同、到崗時間不同等特點，選擇合適的招聘管道。

二、確定招聘管道

招聘工作的效果在很大程度上取決於有多少合格的應聘者前來應聘，來應聘的人越多，企業選擇到合適人才的可能性就越大，因此招聘管道的合理選擇非常重要。招聘管道的選擇決定了招聘對象的來源、範圍、整體品質、數量等。

從人員的來源分，招聘管道分為：內部招聘和外部招聘。企業應根據招聘的職位不同、人員素質要求不同、到崗時間不同等特點，選擇合適的招聘管道。

三、編制招聘預算

招聘活動的實施必然要發生一定的成本費用，這就需要在實施招聘之前編制好招聘預算。招聘費用視招聘對象、招聘管道的不同而有所不同，一般來說，招聘費用預算不僅包括招聘人員的薪資、福利成本，還包括企業宣傳廣告費、差旅費、材料費等。

從預算總額來看，通常通過獵頭仲介招聘所需的費用應該是最高的，因為獵頭公司按照推薦成功職位年薪的一定比例收取服務費。

表 3-2-3 招聘預算費用一覽表

招聘管道		招聘會	網 路	獵頭仲介
費用預算	招聘準備	宣傳廣告費 宣傳材料費 場地、展位租用費 差旅費 交通費 通訊費	網站會員費 通訊費	仲介服務費
	筆試	試卷印刷費 考場租賃費 人工成本	試卷印刷費	
	面試	面試人員的薪資成本	面試人員的薪資成本	面試人員的薪資成本

四、成立招聘小組

招聘活動的成功實施依賴於企業用人部門和人力資源部門的配合、協作，尤其是在招聘企業各部門內部人員或專業性較強的崗位時，單單依靠人力資源部門是無法招聘到合適的人選的。所以，企業在進行招聘時，有必要成立專門的招聘小組。

招聘小組的成員構成視不同的招聘對象而定，如果招聘對象為專業技術人員，則應有專業人士參與招聘活動，如果招聘中高層管理人員，則企業的高級管理人員應作為招聘小組的重要成員之一。一般來講，可作為招聘小組的人員有人力資源部工作人員、用人部門負責人及企業中高層主管等，視招聘對象的不同其在招聘活動之中職責也不盡相同。

招聘的各項策劃工作進行之後，一定要組建一隻好的招聘隊伍。因為招聘人員在外面進行招聘時，代表的將是整個企業，當大多數應聘者第一次與企業進行直接接觸的時候，招聘人員的素質往往是影響應聘者對企業評價的重要因素之一。

1. 招聘人員的素質要求

⑴具有良好的個人品質與修養：熱情、積極、公正、認真、誠實、有耐心、品德高尚、舉止文雅、辦事高效。

⑵具備多方面的能力：表達能力、觀察能力、協調和溝通能力、自我認知能力。

⑶具有專業領域的知識技能：因專業而定，如 IC 設計、遙感技術等。

⑷具有廣闊的知識面：心理學、社會學、法學、管理學、組織行為學、血型學、筆跡學。

⑸掌握一定的技術：人員測評技術、談話的策略、觀察的技術、設計招聘環境的技術。

2. 招聘隊伍組建的原則

組織招聘時往往不是單槍匹馬，而要組建一支強有力的招聘隊伍。這隻招聘隊伍並不是隨意組建的，而要遵循相應的原則，主要包括以下幾個原則。

⑴知識互補。招聘隊伍中既要有熟悉人力資源招聘知識的人員，如人力資源部負責招聘的員工，又應該有熟悉需要招聘職位的相關業務人員，如建築工程師，這樣才能在招聘中從多個角度審視應聘者。

⑵能力互補。招聘隊伍從整體上應該具備良好的組織能力、領導能力、控制能力、溝通能力、甄別能力、協調能力以及影響力等。

⑶氣質互補。招聘隊伍中應該具備謹慎認真的招聘者，他們可以

讓整個招聘過程不出差錯或少出差錯；也應該有富有親和力的招聘者，他們可以坦誠地與應聘者溝通；在有些時候那些「盛氣淩人」的招聘者也是需要的，例如進行壓力面試。

⑷性別互補。在招聘的隊伍中應該協調好男性和女性的比例，因為在招聘的過程中可能會出現性別的偏見，也就是說，男性招聘者可能會更傾向於選擇女性應聘者，相反，女性招聘者可能會更傾向於選擇男性應聘者。所以，性別互補也是不可忽視的。

⑸年齡互補。在招聘的隊伍中應該有不同年齡的招聘者。不同年齡段的確存在代溝，所以應該考慮招聘者與應聘者的年齡相仿，以有利於溝通、達到預期效果。

此外，該部門經理最好也參加招聘工作。因為該部門經理是未來員工的直接上級，所以在招聘過程中，應該讓部門經理參與，由他來決定最終是否錄用應聘者。部門經理更加瞭解該崗位的技能要求，在技能考核中能夠發揮不可替代的作用。另外，人們不會為自己的選擇後悔，部門經理會更加喜歡管理他親自挑選的下屬。

招聘工作要想真正有效，還有一個重要的原則不能不提，即最高主管應對招聘工作給予充分的支援和關心，最好是組織的總經理或老闆也加入到招聘團隊中。

3. 成立招聘工作小組並確定其權責劃分

招聘活動的成功實施依賴於企業用人部門和人力資源管理部門的密切配合和協作，尤其是存招聘專業性強的崗位時，僅僅依靠人力資源管理部門是無法招聘到合適的人選的。所以，企業在正式開始招聘前，有必要成立專門的招聘小組。

人力資源部經理可以根據流程制定招聘計劃，再結合部門員工的日常表現來選擇招聘小組成員，最後形成招聘小組成員職責分配表。

招聘小組的成員構成視不同的招聘對象而定。如果招聘對象為專業技術人員，則應有專業人士參與招聘活動；如果招聘中高層管理人員，則企業的高級管理人員應作為招聘小組的重要成員之一。

一般來講，可作為招聘小組的成員有人力資源部工作人員、用人部門負責人及企業中高層主管等，視招聘對象的不同，其在招聘活動中的職責也不盡相同。

表 3-2-4　招聘小組成員及其招聘職責

招聘小組成員	招聘活動職責	
	招聘準備	招聘實施
招聘專員	發佈招聘廣告 篩選應聘簡歷 通知應聘者參加面試	負責面試接待 組織筆試 記錄面試過程 告知應聘者錄用結果 應聘資料整理及歸檔
招聘主管	統計各部門招聘需求 確認招聘崗位及任職要求 編制招聘預算 擬定招聘信息 選擇招聘管道	負責基層崗位的面試 對應聘者表現進行評估
招聘經理	制定年度招聘計劃 組織實施招聘活動 對小組其他成員進行招聘技術培訓	負責主管級以上崗位的面試 為用人部門提供錄用建議 確定本部門人員錄用結果
用人部門負責人	提出招聘需求 編寫本部門專業、技術的筆試題	負責本部門職位應聘者的筆試、面試 確定本部門人員錄用結果
企業高管人員		負責經理級以上崗位的面試 確定錄用人選

五、安排招聘日程

1. 招聘時間選擇

招聘時間和地點的選擇對招聘成本的高低有很大的影響。有效的招聘策略不僅要明確招聘的地點和方法，還要確定恰當的招聘時間。招聘時間一般要比有關職位空缺可能出現的時間早一些。

例如，某企業欲招聘 20 名員工。根據預測，招聘中每個階段的時間佔用如圖 3-2-4 所示。

整個招聘活動前後需耗費 41 天的時間，招聘廣告必須在活動前一個半月左右登出，即如果招聘 20 名員工的活動開始於某年的 6 月 1 日，則招聘廣告必須在 4 月 15 日左右登出。

對於根據企業的年度招聘計劃而實施的招聘活動來說，選擇適宜的招聘時間非常重要。

一般情況下，人力資源市場上的人才供應都有高峰和低谷階段。每年的春節前後和大學生畢業前後是比較適合企業實施招聘活動的兩個時期，前者以準備跳槽的社會人士居多(也有一些是 3、4 月份畢業的碩士研究生)，後者以應屆畢業生為主。在高峰期，人才供應在數量上和品質上都有一定的保證，所以企業如果選擇在高峰期實施招聘活動，將會在很大程度上保證招聘的效率和品質。

對於每年有應屆畢業生招聘計劃的企業，校園招聘是不錯的選擇，那麼校園招聘的時機就應該定在每年的 12 月～1 月，儘量在春節前完成招聘錄取計劃，以選拔到優秀的畢業生人才。

圖 3-2-4　招聘時間分配圖

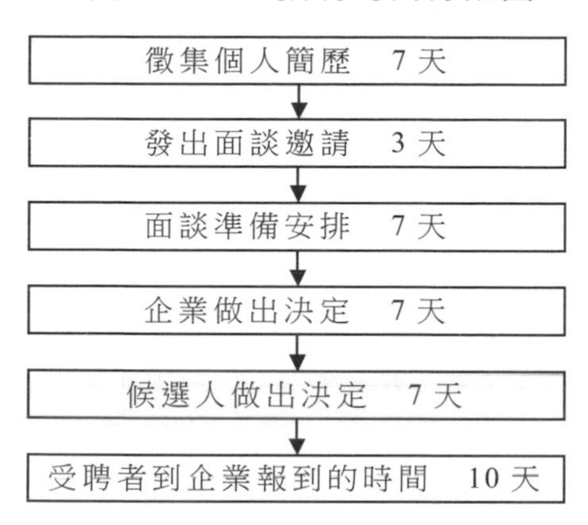

2. 招聘日程安排

制定合理的招聘日程安排表，也是制定招聘計劃的重要內容。某企業根據其人員招聘計劃所設定的招聘日程安排如表 3-2-5 所示（以校園招聘為例）。

表 3-2-5　校園招聘日程表

招聘流程	時　間
接受網上申請	3 月 17 日～4 月 26 日
篩選簡歷	3 月 21 日～4 月 30 日
校園宣講	5 月 5 日 18：00～20：00，××大學、××大學
	5 月 9 日 14：00～16：00，××大學、××大學
	5 月 12 日 18：00～20：00，××大學、××大學
筆試	5 月 16 日～5 月 18 日
面試	5 月 23 日～6 月 4 日
發佈錄用通知	6 月 7 日～6 月 11 日

校園招聘一般都對招聘小組的日程做了預先安排，而企業內部部門臨時用人需求所導致的招聘活動並沒有事先安排，這就需要人力資源部根據實際情況制定具體的招聘日程。某企業根據部門臨時用人需求提出招聘活動的招聘日程安排如表 3-2-6 所示(假設用人部門於 3 月 5 日向人力資源部提出招聘需求)。

表 3-2-6　××公司招聘時間安排

招聘階段		時間安排
1	接受招聘申請	3 月 5 日，××部向提出招聘需求
2	確認崗位要求	人力資源部用半個工作日與××部負責人溝通，確認崗位任職資格及要求
3	發佈招聘信息	3 月 6 日
4	開始面試預約	3 月 9 日
5	初試復試	3 月 10 日～4 月 3 日
6	確定錄用人選	4 月 6 日～4 月 7 日
7	進行背景調查	4 月 8 日～4 月 9 日
8	發佈錄用通知	4 月 10 日
說明	從發佈招聘信息到人員到崗共需 26 個工作日	
	新員工到崗時間預定為 4 月 13 日	

六、選擇招聘地點

選擇在那個地方進行招聘，應考慮人才分佈規律、求職者的活動範圍、企業的位置、勞力市場狀況及招聘成本等因素。

一般來說，企業可以在全國乃至世界範圍內招聘企業的高級管理人才或專家教授；而在跨地區的市場上，則招聘中級管理人才和專業技術人才；在招聘單位所在地區，招聘一般工作人員和技術工人。企業之所以在這樣的地理範圍內進行選擇，是因為在不同的範圍內，提供的勞力供給是不同的。

企業應根據招聘員工的類型、數量和本企業的發展戰略，選擇合適的招聘地點。

七、準備招聘資料

企業實施的招聘活動主要是為了吸引優秀人才，滿足企業用人需求，另一方面則是為了宣傳企業，對外提高企業知名度，不管出於何種目的，招聘活動之初都要準備完整、全面的招聘資料。

表 3-2-7 招聘實施所需資料一覽表

招聘環節	所需資料
準備階段	公司歷史及發展概況、企業文化、組織結構、主營業務、行業地位等宣傳資料
	招聘職位要求、工作職責、任職資格等說明資料
	招聘計劃表、招聘日程表、招聘流程圖等
實施階段	求職申請表、應聘登記表
	筆試題庫、面試題庫、面試評估表、應聘人員綜合評價表
錄用階段	錄用通知書
	員工入職登記表

八、招聘計劃表單

招聘計劃表的制定，要注意確保企業招聘工作有條不紊的進行。

表 3-2-8　招聘計劃表(一)

<table>
<tr><th colspan="6">招聘信息發佈管道和時間</th></tr>
<tr><td colspan="6">通過網路發佈招聘廣告，發佈時間為××年×月×日～×月×日
參加××月××日和××月××日舉行的兩場大型人才招聘會</td></tr>
<tr><th colspan="6">招聘職位信息</th></tr>
<tr><th>招聘職位</th><th>招聘人數</th><th>任職資格</th><th>到崗時間</th><th>招聘方式</th><th>招聘費用</th></tr>
<tr><td rowspan="2">經理助理</td><td>1</td><td>1. 工商管理、行政管理、企業管理等相關專業
2. 1～2 年相關工作經驗</td><td>××月××日之前</td><td>網路招聘</td><td>×××元</td></tr>
<tr><td>1</td><td>3. 具有較強的溝通協調能力、一定的領導能力、責任心強</td><td>××月××日之前</td><td>網路招聘</td><td>×××元</td></tr>
<tr><td>行政秘書</td><td>1</td><td>1. 文秘、行政管理相關專業
2. 形象好，氣質佳
3. 具有較強的公文處理能力、人際溝通能力、熟練運用辦公自動化軟體
4. 1 年以上工作經驗</td><td>××月××日之前</td><td>招聘會</td><td>×××元</td></tr>
<tr><td>技術人員</td><td>2</td><td>1. 本行業相關專業
2. 熟悉企業技術管理、技術管理等流程，具有較強的產品研發能力
3. 3 年以上工作經驗</td><td>××月××日之前</td><td>網路廣告</td><td>×××元</td></tr>
</table>

<table>
<tr><th colspan="4">招聘小組成員</th></tr>
<tr><td>組　長</td><td></td><td>職　責</td><td></td></tr>
<tr><td>組　員</td><td></td><td>職　責</td><td></td></tr>
<tr><td>組　員</td><td></td><td>職　責</td><td></td></tr>
<tr><th colspan="4">招聘選拔方案及時間安排</th></tr>
<tr><th>招聘崗位</th><th>考核步驟</th><th>實施時間</th><th>負責人</th></tr>
<tr><td></td><td></td><td></td><td></td></tr>
<tr><td></td><td></td><td></td><td></td></tr>
</table>

表 3-2-9　招聘計劃表(二)

<table>
<tr><td>招聘目的</td><td colspan="6">為及時填補因企業業務的擴大和內部人員離職產生的職位空缺，保證企業經營計劃的順利實現，人力資源部擬聘才，特制定本計劃表，請審核指正</td></tr>
<tr><td rowspan="4">人員需求情況</td><td>招聘職位</td><td>所屬部門</td><td>招聘人數</td><td>工作經驗</td><td>學　歷</td><td>專　業</td></tr>
<tr><td>人事助理</td><td>人力資源部</td><td>1</td><td>1 年以上</td><td>本科以上</td><td>管理類</td></tr>
<tr><td>工廠主任</td><td>生產部</td><td>1</td><td>2 年以上</td><td>大專以上</td><td>工程類</td></tr>
<tr><td>生產工人</td><td>生產部</td><td>20</td><td>不　限</td><td>高中以上</td><td></td></tr>
<tr><td>招聘時間安排</td><td colspan="6">1. 發佈招聘信息：××月××日～××月××日
2. 篩選簡歷時間：××月××日～××月××日
3. 選拔錄用時間
第一階段考核實施安排(第一輪面試)：
××月××日××月××日
第二階段考核實施安排(第二輪面試)：
××月××日××月××日
4. 擬到崗時間
人事助理擬到工作崗位時間：××月××日
工廠主任擬到工作崗位時間：××月××日
生產工人擬到工作崗位時間：××月××日</td></tr>
<tr><td>招聘小組</td><td colspan="6">1. 負責人：人力資源部經理
2. 小組成員：人力資源部招聘專員、生產部經理</td></tr>
<tr><td>招聘管道</td><td colspan="6">網路招聘、參加人才招聘會</td></tr>
<tr><td>招聘費用預算</td><td colspan="6">1. 網路廣告費：××元
2. 印製廣告費：××元
3. 參加招聘會費用：××元
4. 人力成本：××元
5. 合計：××元</td></tr>
<tr><td>招聘政策</td><td colspan="6">1. 新員工上崗前，公司與其簽訂工作合約，約定的試用期 1～3 個月不等。
2. 薪資待遇
人事助理試用期××××元/月，轉正後××××元/月
工廠主任試用期××××元/月，轉正後××××元/月
生產工人試用期××××元/月，轉正後××××元/月
3. 公司按規定為員工繳納保險金</td></tr>
</table>

第三節　人力資源部的招聘工作流程

所謂招聘流程，是指從出現職位空缺到候選人正式進入公司的整個過程，這個過程中通常包括識別職位空缺、確定招聘管道和方法、獲得候選人、候選人選拔測評、候選人正式進入公司工作等一系列環節。

員工招聘有兩個前提。一是人力資源規劃。從人力資源規劃中得到的人力資源淨需求預測決定了預計要招聘的職位與部門、數量、時限、類型等因素。二是職務描述與任職說明書，它們為錄用提供了主要的參考依據，同時也為應聘者提供了關於該工作的詳細信息。這兩個前提是招聘計劃的主要依據。

員工招聘的內容主要由招募、選拔、錄用、評估等一系列活動構成。招募是為了吸引更多更好的候選人來應聘而進行的若干活動，它主要包括：招聘計劃的制定與審批、招聘信息的發佈、應聘者申請等；選拔則是從「人一事」兩個方面出發，挑選出最合適的人來擔當某一職位，它包括：資格審查、初選、面試、測評、體檢和背景調查、人員甄選等環節；而錄用主要涉及員工的初始安置、試用、正式錄用；評估則是對招聘活動的效益與錄用人員品質的評估。

圖 3-3-1　員工招聘流程圖

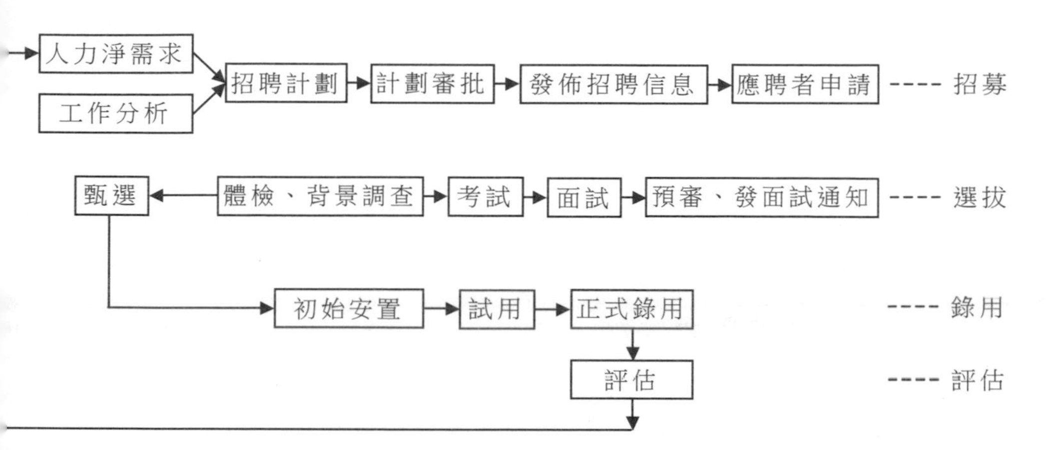

一、識別招聘需求

當用人部門提出招聘需求時，人力資源部門的招聘負責人和用人部門的上級主管首先需要對招聘需求進行分析和判斷。招聘需求是怎樣產生的呢？可能的情況有如下幾種：

⑴一名員工離職或調動到其他部門，產生職位的空缺。

⑵根據年度計劃人員預算招聘。

⑶由於業務量的變化，現有的人員無法滿足需要。

一般說來，在事先制定好的人員預算中的招聘計劃是可以直接執行的。當用人部門發現人手緊張時他們的第一反應往往就是：「我們需要招人！」但有必要判斷一下問題是否必須通過招人來解決；即使是招人，是否一定要招聘正式員工。其實有的時候發現職位空缺或人手不夠的情況不一定非要招聘新人，而是可以通過以下方式解決，例如：

1. 將其他部門的人員調配過來

一個部門人員不夠，很可能另一個部門有富餘的人員，而這些人員恰好可以滿足那個部門的人員需求。

2. 現有人員加班

有些工作任務是階段性的，如果招聘了正式員工進來，短期的繁忙階段過去了，就會出現冗員。如果現有人員適當加班就可以解決問題，那麼就不必去招聘新人了。

3. 工作的重新設計

有時人手不夠可能是由於工作的流程不合理或者工作的分配不合理，如果能夠對工作進行重新設計，人手的問題可能就會迎刃而解。

4. 將某些工作外包

有些非核心性工作任務完全可以外包給其他機構來完成，這樣就可以免去招聘人員的麻煩，而且也減輕了管理的負擔。

即使真的需要招聘新人，那麼也需要決定是招聘正式員工還是招聘臨時員工。對於某些非長期性工作或者比較簡單的工作，可以招聘臨時員工來完成，因為這樣會比較節約成本，公司不必為他們繳納各種福利費用。

二、招聘過程中的部門責任

在這個招聘流程中，用人部門的管理者和人力資源部門的招聘人員將共同參與，他們的責任將各有側重。

1. 用人部門經理的主要責任

⑴根據業務計劃制定招聘計劃。

⑵草擬職位描述和任職資格。

⑶判斷職位候選人的專業或技術水準。

⑷最終做出錄用決策。

2. 人力資源部門招聘人員的責任

⑴幫助用人部門對招聘的必要性進行判斷。

⑵指導用人部門撰寫職位描述和任職資格。

⑶決定獲取候選人的管道和方法。

⑷與潛在的候選人聯絡。

⑸收集簡歷和應聘材料。

⑹設計人員選拔評價方法，並指導用人部門經理使用這些方法。

⑺主持實施評價流程。

⑻為用人部門的錄用提供建議。

⑼與候選人確定薪資。

⑽幫助被錄用人員辦理體檢、檔案轉移、協定簽訂等各項手續。

⑾向未被錄用的候選人表示感謝並委婉地拒絕。

三、這個空缺職位的任職資格描述

在準備招聘一個新人之前，招聘者必須要清楚地知道空缺職位的工作職責和對任職者的任職資格要求，因為只有這樣才有充分的依據對候選人進行評判。一般來說，這部份工作由用人部門的空缺職位的直接主管完成，人力資源部門的招聘負責人和用人部門的上級主管將在這個過程中給予指導和幫助。公司應該對職位描述的內容和格式有統一的規定。在內容方面必不可少的是職位設置的目的，這闡述了招聘這個職位的理由，另外還有主要的職責和與組織內外其他人發生的關聯；關於任職資格應該包括下列幾類內容：

1. 專業技能

專業領域的知識和技巧，專業經驗，技術掌握程度。

2. 核心技能

由公司的理念和價值觀以及職位的特徵所要求的技能，例如邏輯推理能力、溝通能力、合作能力、領導能力、工作獨立性、靈活性、創造性、自信心、進取意識等。

3. 其他技能

例如語言能力、電腦應用能力等。

表 3-3-1　職位說明書格式

職位說明書 （請分別為每個職位完成一份）
職位描述
職位名稱： 所屬部門： 職位代碼（由人力資源部填寫）： 直接彙報給（職位）： 下屬職位：
設置此職位的目的
請概括性地描述設置此職位的目的以及在組織中的必要性。
主要工作職責
概括和列舉出該職位最重要的幾項工作職責。 1. 2 3.
主要工作關聯
描述在工作中與那些人發生關聯，怎樣的關聯。（包括組織內部和組織外部）
任職資格
此部份將對招聘中的選拔評價非常重要，必須認真填寫。
專業知識和技能 ＿＿＿＿＿＿＿＿＿　□精通　□熟練掌握　□瞭解 ＿＿＿＿＿＿＿＿＿　□精通　□熟練掌握　□瞭解 ＿＿＿＿＿＿＿＿＿　□精通　□熟練掌握　□瞭解

續表

核心技能				
1. 邏輯思維能力	□優秀	□良好	□平均水準	□最基本的
2. 客戶服務意識	□優秀	□良好	□平均水準	□最基本的
3. 團隊合作能力	□優秀	□良好	□平均水準	□最基本的
4. 溝通表達能力	□優秀	□良好	□平均水準	□最基本的
5. 適應變化能力	□優秀	□良好	□平均水準	□最基本的
6. 創新能力	□優秀	□良好	□平均水準	□最基本的
7. 領導能力	□優秀	□良好	□平均水準	□最基本的
8. 自信心	□優秀	□良好	□平均水準	□最基本的
其他要求				
教育背景				
專業＿＿＿＿＿＿	學歷＿＿＿＿＿＿	院校＿＿＿＿＿＿		
工作經驗				
時間＿＿＿＿＿＿	必備經驗＿＿＿＿＿＿			
外語水準：＿＿＿＿＿＿	電腦水準：＿＿＿＿＿＿			
年齡要求：＿＿＿＿＿＿	性別要求：＿＿＿＿＿＿			
出差要求：＿＿＿＿＿＿				
撰寫人：	時間：			
審核人（上級主管）：	時間：			
人力資源部審核：	時間：			

完成了這樣一張表格，我們在對候選人進行選拔時就有了明確的依據，而且在實際工作中，任職者也可以按照任職資格來要求自己。

四、獲得招聘批准

直接用人部門的主管需要從人力資源部經理和總經理那裏獲得招聘許可。如果待招聘的人員是在人員預算的範圍內，可以不必批准直接向人力資源部門提出招聘請求；如果待招聘的人員是在人員預算的範圍之外的，必須要經過審批。獲得了審批的招聘申請會被發送到人力資源部門負責招聘的人員那裏，人力資源部門就可以開始獲取候選人的活動。

五、選擇招聘管道和方法

招聘負責人根據待招聘職位的具體情況選擇招聘管道和方法。在有的企業中，所有的招聘職位在對外公佈之前都首先在內部公佈，優先考慮內部員工的應聘和推薦。如果需要對外招聘，一般來說企業都會建立幾個比較固定的招聘管道，例如與某個招聘網站簽訂較長時間的合作協議，隨時有職位空缺信息就可以及時發佈出去。當有較多職位空缺時又恰逢招聘旺季的時候，可以有機會參加一些大型的招聘會或者到校園裏招聘。

六、獲得候選人並進行簡歷篩選

發佈了招聘信息或者參加各種招聘活動，通常可以獲得比實際所需任職者人數多的職位候選人。人力資源部門的招聘負責人和用人部門的負責人可以共同對候選人進行初步篩選。為什麼要用人部門的負責人參與到簡歷的篩選過程中呢？因為用人部門的負責人對職位的要求特別是專業技術方面的要求更加熟悉，能夠較好地對應聘者的專業技術經驗和技能進行判斷。

應聘者的簡歷往往是各式各樣、五花八門的。為了便於管理，很多公司都使用標準化的簡歷模版或者應聘申請表，很多招聘網站上也為應聘者提供了應聘表格，而且有些公司會優先考慮這些使用標準化版本的應聘材料。

七、選拔評價流程

對候選人的選拔和評價可以分成幾輪，可將對職位所需的必要條件的測評放在前面，將不具備必要條件或在必要條件上表現較差的候選人淘汰，然後在對其他任職資格進行評價。例如，職位所需的一些專業知識和技能，特別是一些技術方面的技能是從事該職位工作所必不可少的，如果不具備這些技能就無法順利的從事該職位的工作，那麼就可以先通過用人部門負責人的面試對候選人的專業技術技能進行評價。在專業技術技能符合要求的候選人中，再通過其他測評手段對其核心能力如溝通能力、合作能力、客戶服務意識等進行評價。還有另外一些設計選拔評價流程的考慮是從成本出發，將成本較低的評價手段放在前面，而將成本較高的測評手段放在後面，這樣可以使一部份候選人在一些成本較低的測評手段上就被淘汰了，只有很少的一部份人有機會參加成本較高的測評手段。例如，集體施測的紙筆測驗是成本較低的測評手段，而面試和情境性測評方法是成本較高的測評手段，因此可以先用紙筆測驗淘汰一部份人，再通過面試淘汰掉一部份人，最後在利用情境性測評方法選出最適合的人選。

對於候選人的選拔工作，如果公司自己本身不具備相應的條件，也可以委託給專業的仲介機構完成。

八、討論並做出初步錄用決定

參加評價過程的用人部門負責人和人力資源部的招聘負責人將對候選人在選拔評價中的表現進行討論和評價，人力資源部的招聘負責人向用人部門提出建議，而由用人部門做出錄用決定。一般來說，參加評價過程的用人部門負責人和人力資源部的負責人將分別提供對每個候選人的評價報告，用人部門負責人的評價報告的重點在於專業知識技能方面，人力資源部的招聘負責人提供的評價報告的重點在於核心能力方面的評價。

九、確定薪資水準

做出初步錄用決定之後，需要與待錄用的候選人確定薪資水準。

一個職位的薪資水準的範圍應該是在招聘之前就確定好的，比較普遍的薪資體系原則是 3P 原則，即以職位付薪酬(Pay for Position)、以個人能力付薪酬(Pay for Person)和以績效付薪酬(Pay for Performance)。

一個職位的薪資標準，是一個範圍，具體針對一個任職者可能會得到在這個範圍中偏高的數值或者偏低的數值，這是由他的個人能力決定的，因此需要確定待錄用的候選人的薪酬在他的職位薪酬範圍中的水準。當然確定薪酬還需要根據市場水準，尤其是對一些市場上比較緊俏的職位薪酬往往定的比較高。在這個階段也經常會遇到一些候選人的期望與公司預先制定的薪酬範圍有差距的情況。假如候選人提出的薪酬要求超出公司預先制定的薪酬範圍，一般需要更高級的決策者進行決定，有時根據候選人的情況可以給出特殊對待。也有一些情況由於在薪酬問題上沒有達成一致的意見不能對候選人進行錄用。與候選人談薪酬通常是由人力資源部的負責人來進行的，不僅要與候選人討論薪資水準，最好還應該將公司全套的薪酬福利組合向候選人進行介紹，使之能獲得一個全面的瞭解。

薪酬談判是企業招聘面試中必不可少的一個環節。企業做出初步錄用的決策後，企業應與應聘者討論薪酬待遇的問題。

薪酬待遇一般包括兩個方面：薪酬和福利。企業應為應聘者提供詳細的薪酬方面的信息。在企業做出薪酬決策時，應考慮以下三個因素。

⑴應聘者目前的薪酬狀況，期望的薪酬水準。

⑵應聘者的面試表現。

⑶市場上該職位的薪酬水準。

雙方就薪酬待遇問題達成一致後，須簽訂一份協議，一般稱為聘用協議書。聘用協議書主要包括：

⑴聘請的職位；

⑵所屬的部門；

⑶工作地點和時間；

⑷薪酬待遇；

⑸其他附加條件，視企業實際情況而定。

表 3-3-2　聘用協議書

聘用協議書			
受聘人姓名		職　　位	行政部經理
所屬部門		直接上級主管職位	
一、經雙方協商，受聘人的薪酬為			
1. 基本薪資：________元/月			
2. 午餐補助：3000 元/月			
3. 住房補貼：5000 元/月			
受聘人還享有法律規定的法定節假日，社會保險等福利，詳見《員工福利制度管理》			
二、主要工作職責			
1. 規劃、指導、協調公司的行政工作			
2. 制定公司規章制度，提高工作效率			
3. 公司物資採購和辦公用品的維護			
三、工作時間			
1. 每天八小時工作制，週六、週日休息			
2. 如遇加班，根據法律規定給予加班費			

十、入職體檢

用人單位通常要求被初步錄用的人員必須參加身體健康檢查。入職體檢的目的是保證候選人不會由於健康的原因影響工作。

十一、正式錄用決定和入職準備

對體檢合格的候選人可以做出正式錄用決定。然後用人單位和待入職的員工本人就可以分別進行準備了。用人單位需要為員工準備相應的工作條件，員工本人可以辦理與原單位解除協定手續並為到新的職位上就職做相應的準備。

十二、檔案轉移

正式錄用的員工的檔案，應該轉移到公司指定的檔案管理機構。公司的人事檔案，有委託專門的人才機構管理的，部份單位例如政府企業自己設有檔案管理的部門或人員。

十三、簽訂工作合約

一個人成為某個單位的正式員工通常是以協定的簽訂為標誌的。工作合約書可以約定雙方的工作關係、責任、權利和義務，並對雙方進行法律的約束和保護。

第四節　選擇外部招聘或內部調派

當公司中出現了職位空缺的時候，如果這個職位空缺是在人員預算之內的，那麼就可以立即採取行動去獲得職位的候選人。我們首先想到的可能就是到公司外部去尋找候選人。外部招聘的方法有很多，例如刊登廣告、舉行招聘會、求助於獵頭公司、借助 Internet、校園招聘等等，可以根據企業的實際情況做出靈活的選擇。

一提起招聘，大部份的招聘者都會首先將目光放在組織外部，依靠各種外部招聘的手段尋找職位候選人。其實，常常被人們忽略的是，企業內部也是非常重要的潛在候選人來源。

內部招聘和外部招聘各有千秋，各有各的優勢，也都存在一定的不足。在實際招聘工作中，應根據具體情況做出選擇。

一、內部調派的優勢、缺失

1. 內部調派的優勢

⑴企業內部的員工本身就是非常重要的候選人來源，對他們進行內部晉升和崗位輪換可以補充職位的空缺。這樣做增強了公司提供長期工作保障的形象。這一形象同時也有助於公司人員的穩定，有利於吸引那些尋求工作保障的員工。而且，內部晉升加強了企業文化，並且傳達了一個信息：忠誠和出色的工作會得到晉升的獎勵。當員工得知公司內部有提升和崗位輪換機會以及管理層人員將從內部提拔時，他們會感到受到激勵，傾向於更加努力地工作。公司內部晉升使

我們將對外招聘集中在「初級層次」的職位上。填補初級層次的職位比較容易，求職人才庫更大，也給我們更多的時間去培訓和評估那些渴望做到更高層職位的人。即便僱用到「劣質「的員工，對於初級層次的職位來說，對公司的損失會較低。

⑵企業內部的員工具有豐富的社會關係，尤其是在同行業的人才當中，員工可以借助自己的人際關係推薦人才。例如，一個在房地產行業工作的人很可能認識較多的在其他房地產公司工作的優秀人才，因此他們會比外部招聘的方式更能夠自己接觸到這些優秀的人才。

⑶內部員工瞭解自己的公司，能夠更好地理解職位的要求，同時對企業文化也更加認同。當聘用一位內部員工時，聘用的是一名工作能力有保證的員工，一個知根知底的人。公司瞭解他的工作業績，工作習慣和個人品行；而他也瞭解公司對他的工作期望。這樣員工就更容易適應新的職位，公司在招聘中所冒的風險也比較小。

⑷內部招聘方法最經濟實惠。內部招聘的費用要比從外部招聘少得多。從內部招聘可以使企業節省諸如廣告費、會務費、獵頭公司代理費等開支，如果我們把管理者對外來者的聘用、分配和新員工熟悉企業所花費的間接成本考慮進去，那麼節省的費用就更多了。

⑸內部招聘的成功率較高，且工作的穩定性更高。有調查表明，通過內部員工推薦被錄用的僱員往往比通過其他方法招聘來的員工任職的時間更長。

2. 內部調派的缺失

⑴內部招聘在一定程度上容易造成內部部門之間的矛盾。有時，一名優秀的員工可能會被幾個部門競爭。有的部門經理比較受人歡迎，員工也會傾向於到他的部門。由於職位之間待遇上的差別，員工

會選擇薪資高的職位。因此，內部招聘可能會帶來不穩定的因素。

⑵內部招聘容易創造不公平的因素。例如，有些職位的候選人會被「內定」，並非依據其實際能力，而是依靠關係。有時甚至會為某些人創造出來一些職位，因人設崗。

⑶有時會造成員工的不滿和工作積極性下降。例如，一名員工想要應聘內部招聘的職位，但他的主管認為他是部門的骨幹力量，不希望他走，而員工本人的興趣卻不在這裏，因此產生矛盾。

⑷出現近親繁殖的弊端。內部員工在推薦人選時往往推薦與自己關係密切的人，時間長了，員工中會出現一些小的團體，不利於文化的融合和工作的開展。

⑸被晉升到新的職位的員工未必適應工作。一般來說，公司會晉升在現有職位績效優異的員工，而他們僅僅是在過去的工作中表現優秀，非常適應過去的職位要求，成績只能代表過去，他們在新的職位上往往不一定合適，因此，這對公司的業績是一大風險。

二、外部招聘的優勢、缺失

1. 外部招聘的優勢

⑴利用外部候選人的能力與經驗為企業補充新的生產力，而且能夠給企業帶來多元化的局面，避免很多人都用同樣的思維方式思考問題。新員工能夠帶給企業不同的經驗、理念、方法以及新的資源，使得企業在管理和技術方面都能夠得到完善和改進，避免了近親繁殖帶來的弊端。

⑵鯰魚效應。外聘人才可以在無形中給組織原有員工施加壓力，形成危機意識，激發鬥志和潛能。壓力帶來的動力可以使員工通過標

杆學習而共同提高。

⑶外部人才挑選的餘地要比企業內部大得多，能招聘到更多優秀人才，包括特殊領域的專才和稀缺的複合型人才，可以為企業節省大量內部培養和培訓的費用。

⑷外部招聘是一種有效的與外部信息交流的方式，企業同時可借機樹立良好的外部形象。

表 3-4-1　各種外部招聘方法的優劣比較

方法	優點	缺點
廣告招聘	1. 網路廣告成本相對較低，容量大，信息傳輸快 2. 吸引更多的求職者 3. 可以樹立企業形象	1. 不能控制招聘人員的數量和品質 2. 不能進行面對面的交流
人才招聘會	1. 可以在短時間內收集較多求職者的信息 2. 招聘成本較低	很難招聘到高級人才
校園招聘	1. 能夠找到足夠數量的高素質人才 2. 新畢業的學生可塑性強，學習願望和學習能力一般也較強 3. 成本隨招聘人數的上升而下降	1. 缺少實踐工作經驗，培訓成本較高 2. 對工作往往有過於理想化的期待，對自身能力也有不現實的估計，容易對工作產生不滿
內部員工推薦	1. 快捷 2. 成本低 3. 有一定的可靠性	1. 容易形成內部的「幫派」和「小集團」 2. 招聘面窄
專業招聘機構（獵頭公司）	1. 可以招聘到高級人才 2. 招聘到的人員素質有保障 3. 目標準確，專業服務	成本高

2. 外部招聘的缺失

⑴由於信息不對稱，往往造成篩選難度大，成本高，甚至出現「逆向選擇」。

⑵外聘員工需要花費較長時間來進行磨合和定位，學習成本高。

⑶外聘人員可能由於本身的稀缺性導致較高的待遇要求，打亂企業的薪酬激勵體系。

⑷外聘可能挫傷有上進心、有事業心的內部員工的積極性和自信心，或者引發內外部人才之間的衝突。

⑸「外部人員」有可能出現「水土不服」的現象，無法融入企業文化氣氛之中。

三、內部調派的操作方法

從單位內部選擇合適的人選來填補這個位置，使員工有一種公平合理、公開競爭的平等感覺，它會使員工更加努力奮鬥，為自己的發展增加積極的因素。這無疑是人力資源開發與管理的目標之一。

⑴工作調換

工作調換也叫作「平調」，是在內部尋找合適人選的一種基本方法。這樣做的目的是要填補空缺，但實際上它還起到許多其他作用。如可以使內部員工瞭解單位內其他部門的工作，與本單位更多的人員有深入的接觸、瞭解。這樣，一方面有利於員工今後的提拔，另一方面可以使上級對下級的能力有更進一步的瞭解，也為今後的工作安排做好準備。

⑵重新僱用或召回以前的僱員

在一個企業組織內，會有一批由於某些原因不在位的員工，如下崗人員、長期休假人員(如曾因病長期休假，現已康復但由於無位置還在休假)，已在其他地方工作但關係還在本單位的人員(如停薪留職)等，這些人員，有的恰好是內部空缺需要的人員。他們中有的人素質較好，對這些人員的重聘會使他們有再為單位盡力的機會。另外，單位使用這些人員可以使他們儘快上崗，同時減少了培訓等方面的費用。

(3)工作輪換

工作輪換和工作調換有些相似，但又有些不同。如工作調換從時間上來講往往較長，而工作輪換則通常是短期的，有時間界限的。另外，工作調換往往是單獨的、臨時的，而工作輪換往往是兩個以上的、有計劃進行的。工作輪換可以使單位內部的管理人員或普通人員有機會瞭解單位內部的不同工作，給那些有潛力的人員提供以後可能晉升的條件，同時也可以減少部份人員由於長期從事某項工作而帶來的煩躁和厭倦等感覺。

(4)內部人才儲備庫

內部招聘的另一種方法是利用現有人員檔案中的信息。這些信息可以幫助招聘人員確定是否有合適的人選，然後，招聘人員可以與他們接觸以瞭解他們是否想提出申請。這種方法可以和佈告招標共同使用以確保崗位空缺引起所有有資格申請人的注意。

可以在整個組織內發掘合適的候選人，同時技術檔案可以作為人力資源信息系統的一部份。如果經過適當的準備，並且技術檔案包含的信息比較全面，採用這種方法比較便宜和省時。

(5)工作公告張榜

佈告招標是內部招聘人員的普遍方法，過去的做法是在公司或企業的佈告欄發佈工作崗位空缺的信息，現在已開始採用多種方法發佈招聘信息。公告告知，有利於發揮組織中現有人員的工作積極性，激勵士氣，鼓勵員工在機構中建功立業。因此，它是刺激員工職業發展的一種好方法。它的另外一個優點就是比較省時和經濟。

圖 3-4-1　內部調派的流程

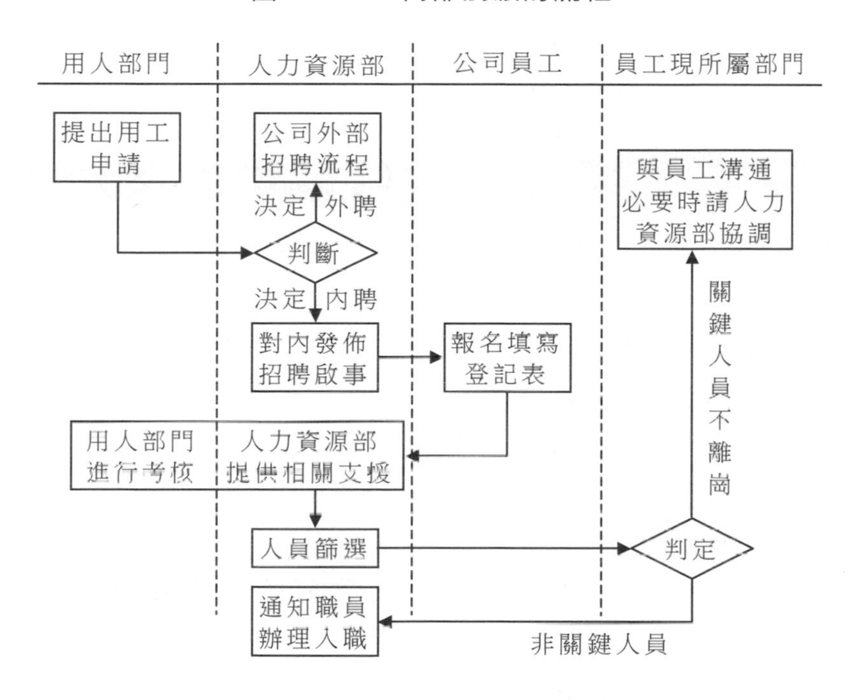

四、內部職位公告

企業在內部公開空缺職位，吸引員工來應聘，這種方法起到的作用就是使員工有一種公平合理、公開競爭的平等感覺，它會使員工更加努力奮鬥，為自己的職業發展增加積極的因素。

職位公告表應包含工作的主要職責、任職資格要求、工作性質等相關內容。

公告日期：

截止日期：

在(人力資源)部門中有一全日制職位(人力資源部經理助理)可供申請。此職位對/不對外部申請者開放。

工作崗位職責說明：

1. 一旦接到人力資源申請表，向每一位合適的基層主管起草一份通知書，說明現在的工作空缺。通知書應包括工作的名稱、工作編號、報酬級別、工作範圍、履行的基本職責和需要的資格(從工作說明/規範中獲取資料)。

2. 確保這份通知書張貼在公司的所有佈告欄裏。

3. 確保每一位勝任該職位的員工能清楚地瞭解空缺的工作。

4. 與總公司人力資源部門聯繫。

任職資格說明：

1. 在現在/過去崗位上表現出良好的工作績效

其中包括：

(1)有能力完整、準確地完成任務；

(2)能夠及時完成工作並能夠堅持到底；

(3)有同其他人合作共事的良好能力；

(4)能進行有效的溝通；

(5)可信、良好的出勤率；

(6)較強的組織能力；

(7)解決問題的態度與方法；

(8)積極的工作態度：熱心、自信、開放、樂於助人精神。

2. 可優先考慮的技能狀況

⑴具有人力資源教育背景或曾接受人力資源管理課程培訓；

⑵具有招聘經驗或協助招聘經驗。

員工申請流程：

1. 電話申請可撥打：×××××××××，每天下午 5：30 分之前，節假日除外。

2. 確保同一天將已經填好的內部工作申請表連同最新履歷表一同寄至人力資源部。

3. 對於所有申請人將首先根據上面的資格要求進行初步審查。

4. 選拔工作由人力資源部經理×××負責。

5. 機會對每個人來說都是均等的。

第五節　編制招聘手冊的主要內容

招聘手冊是所有招聘管理工具的集大成者，包含招聘的管理制度、招聘流程、招聘所需要的管理表格以及招聘中的其他方面。

招聘工作因涉及方方面面，工作不可謂不細，不可謂不重要。如果能有一個工具將與招聘有關的工作分門別類、全部集中存放，將極大提高招聘工作的效率與品質。招聘手冊就是這樣一個工具，通過招聘手冊，可以將招聘過程所需要的重要資料全部列入，以備招聘過程中查詢與使用。

擁有一套本企業完整的招聘手冊，會讓工作輕鬆不少，又能有效保障招聘的品質與效率。但如果來不及編寫招聘手冊，抑或企業的發展規劃與歷程暫不需要編制大而全的招聘手冊，其實編寫一個簡易的、小而精的招聘指導書是一個不錯的選擇。招聘指導書是招聘手冊的簡易版，招聘指導書將招聘過程中的要點與主要細節列舉出來，相對於招聘手冊而言，內容更加簡潔、且便於攜帶、查找方便。

招聘手冊的主要內容

一、總則

1. 招聘管理手冊編制目的
2. 招聘原則
3. 適用範圍
4. 類別與組織

二、招聘指南招聘主要工作

三、人員錄用

1. 確定人選
2. 錄用通知

四、招聘人員行為規範

1. 需要提前熟知的資訊
2. 招聘人員禮儀與形象
3. 統一著裝
4. 基本禮儀
5. 總體要求

五、招聘管理制度

1. 招聘管理辦法
2. 尋聘管理辦法

六、招聘流程

1. 需求計畫審批流程
2. 校園招聘組織流程
3. 內部舉薦流程
4. ColdCall 流程

七、招聘常用表單

1. 《應聘人員登記表》
2. 《需求審批表》
3. 《錄用通知單》
4. 《新員工報到通知書》
5. 《背景調查表》

第六節　主考官要制定招聘的標準

一、主考官的確定

招聘不僅僅是人力資源部門的事情，在招聘過程中，人力資源部的主要職責是對應聘者的基本素質和其所提供的資料的真實性進行考察，從整體上考察求職者是否具備企業價值觀所要求的基本素質、個性和能力特點等，為用人部門把好招聘的第一關，人員需求部門的主要職責是考察求職者的知識、技能、經驗是否滿足崗位要求。

人力資源部門為了確保招聘的有效性，還應尋求招聘職位所需部門的相關人員以及外部專家等人的參與。

招聘考官的選擇一般應根據招聘對象來確定。如招聘技術人員，應有相關專業人士的參與；招聘中高層，企業的高管人員應作為招聘小組的成員之一。

要組建一個招聘團隊，可以從以下四個方面來考慮招聘考官人員的組合是否合理。

1. 能力互補

不同能力的人員組合在一起(如招聘小組成員中，有的比較擅長生產管理，有的比較擅長行政工作等)，這樣便於招聘不同職位所需的員工。

2. 知識互補

不同的知識結構組合在一起，不僅豐富了招聘小組的整體知識水準，還可以從多方面對應聘人員進行評測。

3. 年齡互補

年齡互補，一方面可以彌補年齡偏大的人員在缺少激情、活力及接受新事物等方面的不足，另一方面也可以彌補年輕的招聘人員在經驗及成熟度方面的不足。不同年齡段的有機結合，可以達到更好的工作效果。

4. 性別互補

根據心理學的分析，女性往往會從細微處出發考察週圍的人，而男性更傾向於從整體上來衡量，二者結合可以更準確地對應聘者做出評價。

二、要制定招聘標準

企業制定怎樣的錄用標準，要從兩方面來考慮：一是企業的發展戰略，二是工作崗位的要求。

對於基層人員，工作崗位操作技能指標是錄用的主要標準；對於中高層管理人員，管理能力指標是錄用的主要標準；對於技術人員，核心技術能力是錄用的主要標準；對於研發人員，研發能力、創新能力、研發經驗是錄用的主要標準。

此外，不同的工作崗位有不同的錄用標準。明確了錄用標準，招聘人員才能根據不同人員的錄用標準，從應聘者中挑選出合適的人員，達到較好的招聘效果。

1. 招聘與錄用能力評價維度

企業在招聘過程中，要針對不同的崗位，選擇不同的能力組合作為評價維度。

⑴專業知識。為順利完成某一特定工作而接受的知識。

⑵領導力。通過適當方式激發及引導下屬達到預定目標，善用各類獎酬措施鼓勵士氣，進而提升自己的人格魅力的能力。

⑶分析判斷能力。識別問題並獲得有效的信息，根據獲得的信息提出解決問題的可行方案的能力。

⑷人際溝通與協調能力。能清楚表達自己的想法，並對他人抱有同理心(站在對力的角度)，尊重他人，以坦誠開放的態度與人溝通，進而建立雙贏人際關係的能力。

⑸決策能力。在一定條件下，根據所掌握的各項信息，做出合理假設和構想，進而依據所設的目標，遵循科學原則，在多項備選方案

中選擇最佳方案，以及承擔決策風險的能力。

⑹員工激勵技能。能察覺出員工個人的顧慮、期望和需求，並使之與員工當前的工作要求和目標協調起來的能力。

⑺衝突管理能力。瞭解衝突所在，掌握衝突管理的技能，並能意識到一定程度的衝突是保持組織活力的工具。

⑻團隊領導能力。建立團隊共識與目標，積極創造具有高績效的團隊的能力。

⑼組織資源的能力。在最短的時間內判斷所需的資源組合，以最有效率的方法獲取所需資源，進而快速達到所需實現目標的能力。

⑽以顧客為導向的能力。從顧客立場思考各項相關的產品與服務，尊重顧客的選擇，努力為顧客創造價值，並與客戶建立長期穩定的關係，熟練地掌握顧客管理的各種工具。

⑾創造能力。產生新思想，發現和創造新事物的能力，根據工作環境和職責範圍的變化找出相應的問題解決方案的能力。

⑿工作主動性。自覺、獨立地進行工作，善於學習和運用新知識的能力。

2. 不同崗位的人員招聘錄用考核指標體系

不同崗位所承擔的職責和任職資格不同，因此，為其設定的錄用評價指標也不同。

表 3-6-1　銷售經理錄用評價指標及權重

崗　　位	崗位能力指標	能力指標值
銷售經理	分析判斷能力	15%
	行業知識	10%
	團隊激勵能力	16%
	執 行 力	14%
	抗壓能力	16%
	人際溝通能力	19%
	計劃控制能力	10%

表 3-6-2　行政助理錄用評價指標及權重

崗　　位	崗位能力指標	能力指標值
行政助理	協調溝通能力	20%
	檔案管理能力	15%
	團隊激勵能力	5%
	執 行 力	10%
	抗壓能力	7%
	人際溝通能力	13%
	公文處理能力	30%

第七節　招聘的前期執行工作

一、發佈招聘信息

編寫招聘廣告和確定招聘管道，是發佈招聘信息工作的前提。通常情況下，企業發佈的招聘信息包括企業簡介、招聘職位及人數、崗位任職資格、薪資福利、應聘辦法及聯繫方式等內容。

招聘信息對應聘者的戶籍、性別和年齡作了明確限制，企業在發佈招聘信息時，除非招聘職位的特殊性要求應聘者具有特定的條件，針對普通工作崗位發佈招聘資訊時是不宜出現性別、年齡、戶籍、血型等方面的歧視條款。

二、篩選應聘簡歷

篩選簡歷是招聘人員的重要工作之一，也是執行招聘活動的重要前提。那些硬性條件不符合要求但綜合能力素質較好的應聘者，在簡歷經機器篩選時很容易被過濾掉，而經人工篩選時卻有可能獲得面試機會。

如何從大量的簡歷中篩選出企業所需要的人才，是招聘人員必備的技能之一。招聘人員要做到即使未與應聘者謀面，也會從簡歷中「窺一斑而知全貌」，應從如下所示的幾個方面著手。

表 3-7-1　××公司篩選簡歷標準

項目	權重	得分			
		2	4	6	8
學校層次	10%	職業院校	普通大學	國家大學	名牌大學
班級排名	5%	21 名以後	11～20	6～10	前 5 名
英語水準	5%	CET-4	CET-4	CET-6	專業英語八級
專業背景	10%	純文科類	理工科類	經濟類	管理類
社團工作	15%	無	一般成員、幹事	系、院社團部長、主席	學校級別社團主席
實習經驗	15%	無	一般	本專業相關實習	知名企業實習
—	—	—	—	—	—

⑴看簡歷外觀

簡歷結構是否清晰、排版是否美觀、語言是否簡明。

⑵匹配硬體指標

針對崗位設定必備的硬體指標，並據此作為篩選簡歷的硬性標準。

⑶尋找關鍵字

抓住簡歷中的關鍵字，尤其是與崗位內容相關的工作業績、工作結果等信息。

⑷看起止時間

注意簡歷中各項經歷的起止時間有無重疊、空白或矛盾之處，從而辨別信息真偽。

⑸看崗位匹配度

關注簡歷中所展現的應聘者的綜合素質和能力，辨別其與崗位的匹配度。

另外，在篩選簡歷時，應同時建立企業的招聘人才庫，做好人才的儲備工作。企業可將應聘人員信息分為三類：願聘人員(應聘者不一定會接受聘用)、可聘人員(應聘者能力不是特別強但基本能勝任崗位)和拒聘人員(應聘者完全不符合企業崗位要求)。建立招聘人才庫，有利於招聘人員區分應聘者的信息，促進招聘的順利開展，也可以為企業提供不時之需，解決企業臨時用人的「燃眉之急」。

三、發出面試通知

簡歷篩選完成以後，就應該對符合條件的應聘者發出面試通知，約定面試時間及地點。面試通知有電話通知、E-mail 通知、短信通知等多種形式。在電話通知應聘者參加面試時，應注意如下所示的幾個方面問題。

1. 確認對方後自報家門

「您好，請問是××嗎？這裏是××公司，收到您投給我們公司的簡歷，應聘財務主管一職，現通知您參加面試。」

2. 告知面試地點、時間及交通方式

「請您於本週五上午 9：00 到公司參加面試，面試位址是××區××路，您可以乘坐地鐵×號線或×路車到××站下車，北走約 100 米到××大廈。」

3. 告知應聘者所需攜帶資料

「請您參加面試時攜帶一份個人簡歷、畢業證書和學位證書影本，及相關的職業資格證書影本。」

4. 告知注意事項後結束通話

「請您準時參加面試，面試時間如有變化，我們會及時通知您，您有什麼疑問可以打電話××××××××找王小姐諮詢。」

由於使用電話通知面試，不便於應聘者記錄時間和地點，很多企業直接將面試通知以郵件的形式發給應聘者，在 E-mail 中將面試時間、地點及相關注意事項一一註明，以方便應聘者前來參加面試。

考慮到應聘者不是隨時能夠上網接收郵件，有的企業便以手機短信的形式通知應聘者參加面試。

另外，在通知面試時，應安排應聘者有間隔地分批到達面試場所，切勿一次性通知很多應聘者在同一個面試時間點參加面試。若很多應聘者擁擠在面試場所週圍排隊等待，不僅浪費應聘者的時間，也對正在參加面試的人員造成一定壓力和影響。

四、佈置面試場所

面試是應聘者與面試官進行深層次瞭解、接觸的過程，對企業來說，面試場所要向應聘者展示企業的形象，場所是否適宜會影響到應聘者對企業的評價；對應聘者來說，面試場所是應聘者展示自己能力、才華的地方，場所佈置合適與否會影響到應聘者正常水準的發揮。為了能考查應聘者的真實水準以及表示對應聘者的尊重，在佈置面試場所時應選取安靜、舒適、採光好的環境，一般以在私人辦公室或會議室為宜。因為在有干擾的環境中面試，不僅增加了應聘者的緊張程度，也有可能造成企業關鍵性信息的洩露。同時，考慮到適度的環境壓力對考驗應聘者的心理承受力也是有幫助的，所以面試場所佈置要既嚴肅又不失親切，既緊張又不失溫馨。

佈置面試場所，應在空間距離方面注意下列問題：

1. 空間距離

在面試情景下，面試官與應聘者的距離在 1.5～3 米比較合適。

2. 位次安排

圓形桌子適合多名面試官司面對一名應聘者；長方形桌子適合面試官與應聘者一對一並成一定角度而坐。

3. 座位高度

若想給應聘者施以壓力，可以使面試官司座位高於應聘者的座位，否則以安排相同高度的座位為宜。

4. 工具準備

公司宣傳冊；面試說明資料；筆和紙；茶水、飲料；適當的裝飾品。其中，安排座位時根據面試和應聘人員的多少確定，圓桌會議的形式比較適合多個面試官面試一個應聘者，長方形桌子適合一個面試官面試一個應聘者。一般來講，安排座位時，能夠讓面試官與應聘者相對而坐並形成一定的視覺角度較為適宜。

第一種座位安排，面試官與應聘者距離較近，並且是直接面對，這會讓應聘者產生一定的心理壓力；第二種座位安排，面試官與應聘者距離較遠，容易讓應聘者產生一種被排斥感，不利於雙方溝通交流；第三種座位安排，面試官與應聘者均坐於桌子的同一側，顯得面試不太正式、規範；第四種座位安排，面試官與應聘者分別坐於桌子的兩側，但不是正面相對，而是形成了一定的視覺角度，雙方之間的距離也較為合適，是比較妥善的座位安排方式。

五、應聘者的面試登記表單

通常情況下，企業人力資源部會要求應聘者在面試之前填寫求職申請表或應聘登記表，主要反映應聘者的基本信息、教育背景及工作經歷，一方而考察應聘者所填信息是否與其個人簡歷相一致，另一方面瞭解應聘者簡歷中未出現的信息。

表 3-7-2　應聘者求職申請表

<table>
<tr><td>姓　名</td><td></td><td>性　別</td><td></td><td>民　族</td><td></td></tr>
<tr><td>籍　貫</td><td></td><td>面　貌</td><td></td><td>婚姻狀況</td><td></td></tr>
<tr><td>出生年月</td><td></td><td>E-mail</td><td></td><td>聯繫電話</td><td></td></tr>
<tr><td>家庭住址</td><td colspan="5"></td></tr>
<tr><td>身份證號碼</td><td colspan="5"></td></tr>
<tr><td>第一外語</td><td colspan="2"></td><td>熟練程度</td><td colspan="2"></td></tr>
<tr><td>第二外語</td><td colspan="2"></td><td>熟練程度</td><td colspan="2"></td></tr>
<tr><td>計算級水準</td><td colspan="2"></td><td>所獲證書</td><td colspan="2"></td></tr>
<tr><td>申請職位 1</td><td colspan="2"></td><td>期望薪酬</td><td colspan="2"></td></tr>
<tr><td>申請職位 2</td><td colspan="2"></td><td>期望薪酬</td><td colspan="2"></td></tr>
<tr><td colspan="6">教育和培訓經歷(從高中以後填寫)</td></tr>
<tr><td>起止時間</td><td colspan="2">學校名稱</td><td>專　業</td><td>學　歷</td><td>證 明 人</td></tr>
<tr><td></td><td colspan="2"></td><td></td><td></td><td></td></tr>
<tr><td></td><td colspan="2"></td><td></td><td></td><td></td></tr>
<tr><td colspan="6">工作和實習經歷</td></tr>
<tr><td>起止時間</td><td colspan="2">公司名稱</td><td>擔任職位</td><td>離職原因</td><td>證 明 人</td></tr>
<tr><td></td><td colspan="2"></td><td></td><td></td><td></td></tr>
<tr><td></td><td colspan="2"></td><td></td><td></td><td></td></tr>
<tr><td>自我評價</td><td colspan="5"></td></tr>
<tr><td>應聘者簽名</td><td colspan="5">本人保證以上所填信息真實無誤，如因填寫有誤或不實而造成的一切後果(包括放棄工作)，均由本人承擔。
簽名：　　　　　　　　　　日期：</td></tr>
</table>

表 3-7-3　應聘人員登記表

姓　名		出生年月		應聘職位	
性　別		籍　貫		民　族	
面　貌		婚姻狀況		健康狀況	
身　高		體　重		E-mail	
手機號碼		身份證號碼			
外語種類		級　別		電腦水準	
期望薪資		上崗時間			
教育經歷	起止時間	學校名稱	專　業	學　歷	學　位
工作經驗	起止時間	單位名稱	擔任職務	證明人	證明人電話
所受培訓	培訓時間	培訓機構	培訓內容	所獲證書	備　註
興趣愛好					
自我評價					
應聘者聲明	我保證以上所填資訊均屬實無誤，並對其真實性負責。若提供任何失實資訊，一切後果自行承擔，用人單位將保留發現不真實資訊後進行追究的權利。 簽名：　　　　　　　日期：				

第 4 章

篩選應聘者簡歷資料

篩選簡歷是招聘人員的重要工作之一，也是執行招聘活動的重要前提。

第一節　好簡歷的內容過程

應聘材料大體上可以分為應聘簡歷和求職申請表。對這些應聘材料進行有效篩選是招聘與選拔工作的首要任務。企業人力資源工作者如何才能對這些堆積如山的應聘材料進行高效準確的篩選將關係到招聘與選拔工作的順利進行。什麼樣的簡歷才算是好簡歷呢？

1. 個人資料真實

重要性不必多說，資料是最基本的要求。不管是證書或是能力還是資歷，沒有人會選擇一個沒有誠信的候選人。

2. 留有多種途徑的聯繫方式

發現候選人的資料很滿意，卻發現電話聯繫不上，要麼欠費停機、要麼通話中、要麼無法連接。對於候選人來說那是最失敗的事情，就要試著找找其他的聯繫方式，如郵箱、MSN 等。多種聯繫方式反映了候選人對於細節的考慮周全。

3. 求職意向明確

候選人試圖表明什麼都能幹，或者列出 10 多個工作崗位，記住：企業需要的是專業人員，即使是比較通用的職位，一個人也會有自己的興趣和定位，候選人的描述讓覺得他是在找一個暫時的跳板，頻繁的人事變動會耗費企業大量的精力。站在候選人的角度，可能會覺得多多益善，而對於主考官來說，面對候選人諸多的崗位要求，最好在電話邀約前予以確認。

4. 工作經歷翔實，關注事實與資料

審閱和篩選簡歷是日常工作之一，在海量般的簡歷裏，會對幾個關鍵要素進行把關，首先是工作經歷。簡歷上的工作經歷，一般會按年份，記錄每份工作，以及在這些工作中獲得的成就，一目了然，也可以很快地從這些資訊中獲得對候選人初步的印象。在審閱這些工作經歷內容時，要特別關注經歷中提及的事實與資料是否符合常規、是否符合邏輯。

5. 證書和技能的關鍵字。比如，針對招聘中會要求使用某某軟體、擁有會計證、英語八級證書等的指標要求，總結與其能力有關的關鍵字，可以這樣寫：2 年 Java、VisualC++、perl、ticl 應用開發經驗；有會計從業資格證書等。

第二節　判斷簡歷內的信息資料

目前的簡歷製作五花八門，大多數都是列印或者影本，內容上千篇一律。在實際情況中，並沒有嚴格的標準來對這些簡歷進行評定，而只有一些簡單的步驟。

1. 檢查簡歷的基本信息

簡歷中的信息一般包括硬性條件、軟性條件和一些附加條件。人力資源工作者可以對這些信息進行檢查，看是否符合企業的要求。

硬性條件也就是一些必要的信息，如應聘者的性別、年齡、學歷、業績、相關工作經歷等。對那些條件不符合或者信息模糊的應該迅速捨棄。

軟性條件指的是應聘者的思想行為方式。根據有關的調查研究顯示，一般人在 22～25 歲的時候處於發展的初期，心態也比較浮躁，跳槽率較高；而到了 26～30 歲，屬於發展穩定期，這個階段在逐步找準自己的職業定位，並按照自己的職業規劃進行；31～35 歲的時候，事業感到了頂峰期，職業定位非常明確，高速發展，追求高待遇，高職務。人力資源工作者可以根據企業的需求對應聘者的年齡段進行篩選，確定最合適的人選。

所謂的附加條件則是指具體的一些待遇要求等，如住址的遠近、薪酬要求的高低等，這些都可以作為對應聘者簡歷的篩選標準。

⑴對硬性指標如年齡、工作年限、學歷、專業、相關職業背景、期望待遇水準、選擇工作地域等信息進行快速篩選淘汰，同時根據不同的崗位進行分類。

⑵將初選的資料傳送到相關的用人部門，由用人部門對候選者的具體崗位經歷、工作的內容、業績進行篩選，確定可面試者，將名單交人力資源部跟進。

⑶由人力資源部向面試者發出邀約，進行筆試、面試和實操。經過這三個步驟篩選後，確定最終候選人員，人力資源部將會同用人部門，對候選者進行評價，人力資源部門享有建議權，最終錄用權歸屬用人部門。

2. 辨別簡歷的可靠性

簡歷的真實與否能夠反映出應聘者的誠信度，一個說謊的應聘者是永遠不會成為好員工的。現在由於經濟壓力太大，假簡歷事件常常是屢見不鮮。所以，企業在篩選簡歷的時候就應當著重對信息的真實與否進行辨別，一旦發現，立即放棄該應聘者。

在進行辨別的時候首先要查看應聘者的年齡與其學歷或者工作經歷等是否相符，有無自相矛盾的地方；其次，要看簡歷中對自己工作經歷的描述是否清晰，語意表達不清的簡歷往往就含有虛假成分。

企業在招聘的過程中，假學歷也成為招聘過程中常見的現象，致使很多求職者在偽造學歷上存在僥倖心理，教育背景資訊是簡歷造假的高發地帶。尤其是有的企業要求特定的學校、特定的專業，這就使得候選人為了被錄用而鋌而走險。

求職者在專業上造假大多是為了迎合企業招聘職位的專業要求。如果求職者的專業選項中填寫比較簡單、模糊不清，或者不符合常理，我們有理由保留質疑的態度。通常各大院校的專業設置會有相似的地方，據此我們可以判斷求職者的專業是否存在異常現象。

第三節　透過簡歷判斷應聘者

透過簡歷對應聘者進行分析可以重點從其工作方面進行，主要看應聘者的跳槽動機、跳槽頻率、工作時間長短等，判斷標準如下：

⑴書寫規範

如果簡歷字跡潦草，書寫錯誤較多，一般說明此人比效粗心或者根本就沒有端正自己的態度，這樣的人企業是堅決不能聘用的。

⑵簡歷資訊是否完整

如果簡歷的信息不全，並且這些信息都是企業明確要求的，則說明該應聘者求職態度比較隨意，這樣的人企業也不能聘用。

⑶更換工作的頻率

檢查簡歷中應聘者跳槽的頻率，如果該應聘者跳槽的頻率過高，則其對企業的忠誠性就值得懷疑。一般情況下，在一家公司 3 年以上被視為穩定，如果在一年中更換工作的次數較多，那麼穩定性較差。

⑷工作經歷連續性

一般情況下，只有當個人創業、身體健康狀況或找不到工作的時候，應聘者的工作經歷才會出現斷層，企業需要對應聘者的這一信息進行瞭解，判斷應聘者的潛質。

⑸離職原因

離職原因是企業藉以判斷應聘者價值取向和職業規劃的重要憑證，並且可以從應聘者的離職原因中分析出他是否能夠充分融入到新的企業文化中去。

⑹待遇要求

對新環境下的薪酬要求一直是考察應聘者的重點。如果待遇要求過高，說明應聘者有一定的投機取巧心理。如要求過低，可能是應聘者對自己的信心不足。

第四節　如何篩選簡歷

簡歷篩選是招聘工作的重要環節，簡歷篩選決定了招聘的品質，簡歷是與候選人正式接觸的第一道防線，這道防線把關是否有效，對後續的面試產生重要的影響。

具體來說，應重點關注的內容主要有：

1. 學校與學歷

企業在招人的過程中，會對候選人的學校出身和學歷看得比較重，甚至有些公司是很崇尚名牌大學的背景，對於通常的思維邏輯來說，名牌學府門檻較高，能進入名牌大學的自然是高人一籌。在簡歷審核中也不可絕對化，高學歷、好學府出身，並不意味著能力強，要重學歷，更重能力。

2. 企業是否知名

應徵人員若有在知名企業服務過，知名企業裏面有先進的管理理念、規範的管理模式、成熟和創新的經營模式、優秀的企業文化等，在知名企業裏面接觸的資源和人際關係是一般企業裏面不能比的，在簡歷審核時可以重點關注，受歡迎程度相對高一些。

3. 發展路徑與工作經歷

從簡歷可以看出候選人的職業發展曲線，是處於上升期？還是職業的瓶頸期？職業的經歷是越來越豐富，還是越簡單？那些處於職業上升階段的候選人當然是首選。但有時，有的候選人會面臨職業發展瓶頸，正在尋找新的發展平臺。

4. 職業穩定性

沒有企業喜歡頻繁跳槽的候選人，當候選人的簡歷中表現出其工作穩定性不佳時，應特別注意，尤其是連續三年內跳槽兩次以上者，除了有必要確認其中的離職原因之外，還須進一步瞭解其未來的職業發展與規劃。

5. 行業相關性

隔行如隔山，雖然現在有的候選人學習能力強，但行業差距有時會影響候選人未來的發展，企業應選擇與本企業相關的行業內的人才。

第五節　工作經歷的檢查

工作經歷是企業評價求職者工作能力最重要的依據，同時需要結合第三方的確認才能最終判斷其真偽，故容易成為簡歷造假的「重災區」。工作經歷包括工作單位、每份工作（專案）起止時間、總工作時間（工作經驗）、工作職責、擔任職位、工作業績、離職原因、參與專案名稱等內容，通過仔細推敲也能識別其中的疑點。

有些候選人的簡歷中對原工作單位描述得非常有吸引力，或有意誇大原單位的實力與影響力。一般的企業都有自己的官方網站，如發現候選人對原工作單位的描述過於誇張，可上網查詢這家企業的具體資訊。平常需要注意各種資訊的收集和積累，相關行業內上規模的企業都要略知一二，謹防候選人為了抬高自己的工作職位的重要性及含金量而誇大原來的工作單位。

工作職責、工作業績與擔任職位，這三項內容是候選人工作內容的最直接體現，很多時候會存在誇大、不實的情況。例如，工作半年就從普通職員晉升到管理崗位合理嗎？剛畢業就擔任人事經理合理嗎？

例如，對方原來擔任的只是一個大公司的普通人事專員，那麼其日常工作職責應該只是負責執行有關人力資源相關工作，公司人力資源發展規劃、薪酬設計等重要決策性工作是不可能由其獨立擔任或完成的。所以，如果對方工作職責、業績上誇大，就會露出破綻。

第六節　若新員工有文憑假造問題

如果企業規章制度和入職流程比較完善，規定了以偽造的文憑欺騙公司視為嚴重違紀，同時在新員工入職信息登記表上也有類似規定，且單位對新員工入職提交的相關材料保留較好，那麼，就可以依照單位的規章制度單方解除工作合約，辭退該員工。

如果企業規章制度沒有規定，也沒有入職信息登記表，那麼單位就不能隨便辭退該員工。這種情況下，如果該員工雖提交了虛假文憑，但是能力完全符合企業需求，那麼原則上也不應該辭退該員工；如果該員工確實能力也不行，那麼單位應當主張工作合約無效。

工作合約規定了員工和用人單位都享有知情權，也同時都負有告知義務。那麼，違反本條規定，不履行告知義務，就構成了違法行為。若是提供虛假的證明文件或告知虛假的信息，除了違反本條的規定，同時還構成了欺詐。守法的一方就有權單方解除工作合約，若企業因員工提交的假文憑而錄用了該員工，企業就可以直接依法單方解除工作合約。

用人單位以「試用期內不符合錄用條件」為由辭退員工時，需要注意如下問題：

- 單位有針對該員工的明確的錄用條件；
- 單位曾向該員工公示過該錄用條件；
- 單位有相應的考核制度，並在試用期內對該員工進行了考核；
- 該員工的考核結果不符合單位的錄用條件；
- 辭退決定必須是在試用期內做出的。

第 5 章

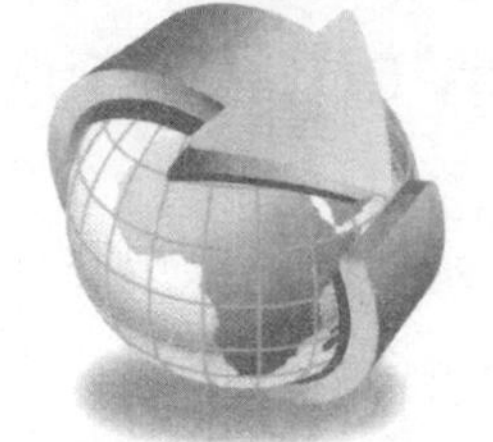

員工招聘的筆試工作

招聘考試中的筆試，針對不同的招聘崗位有不同的側重點，對技術人員側重於考察其技術水準，對文秘工作者側重於考察其書面寫作能力等。

第一節　招聘工作的筆試流程

一、筆試原則

筆試是企業招聘與錄用工作中一項重要的工具。實施筆試有一系列的流程，其中，筆試試題的編制是整個流程的核心。

筆試，是用人單位用於人員篩選的方式之一，是用人單位根據擬招聘的崗位需要的知識和能力，事先編制好試題，然後安排應試者考試，相關的部門根據應試者的答題評定成績的一種方法。

二、筆試的流程工作

圖 5-1-1　筆試實施流

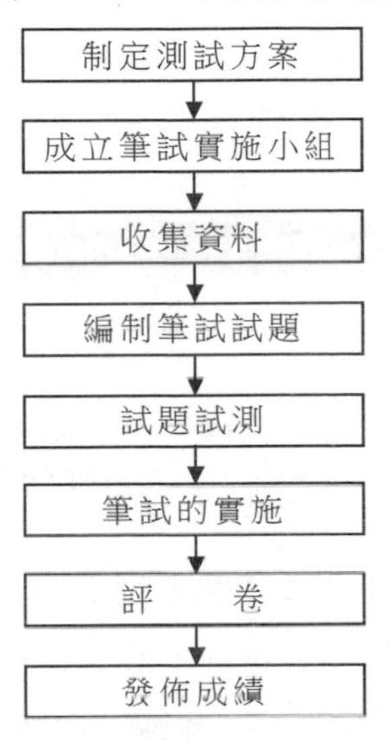

1. 制定筆試招聘方案

測試方案主要包括以下方面。

- 筆試的實施目的和要點。
- 筆試實施的計劃安排。
- 測試的時間及地點安排。
- 筆試負責機構(負責人)的確定。
- 筆試的規模大小。
- 實施過程中可能出現的問題和應採取的措施。
- 筆試實施的效果預測。

2. 成立筆試實施小組

筆試實施小組負責整個筆試的實施，包括試題的編制、閱卷人員的確定以及費用的預算等。

3. 收集資料

這一步的工作主要是為試題的編制做準備。

4. 編制筆試試題

根據考察的要素確定試題的類型、內容、難易度、題量的多少和試題答案等內容。

5. 試題試測

在企業條件允許的情況下，在試題編制好以後，選擇一部份相關人員(如用人部門的辦公人員、相關專家等)進行試測，然後根據試測的回饋結果對試題做出進一步的完善，以提高試題的信度和效度。

6. 筆試的實施

在前期的準備工作都已完備的情況下，就可以組織應試者的考試工作了，其中包括考場的管理和試卷的保管等內容。

7. 評卷

評卷人員應客觀公正地展開評卷工作。

8. 發佈成績

評卷結束後，通知通過考試的應試者進入下一輪的考核環節，對被淘汰的應試者，也應委婉告知。

第二節　筆試內容

用於招聘考試中的筆試，針對不同的招聘崗位有不同的側重點，對技術人員側重於考察其技術水準，對文秘工作者側重於考察其書面寫作能力等，但總的說來，筆試一般包括以下五個方面的內容。

1. 知識素質

知識素質主要是指一些通用性的基礎知識和擔任某一職務所要求具備的專業知識，具體包括基礎知識、專業知識、其他相關知識三方面的內容。

2. 智力測試

智力測試主要測試應試者的分析觀察能力、記憶力、思維反應能力、想像力以及對於新知識的學習能力。

3. 能力測試

能力測試分為一般能力測試和特殊能力測試。能力測試基本包括智力測試的內容，特殊能力是指崗位所需的技能。

技能測試主要是針對應試者專業技能的測試，以檢驗其對專業知識的運用程度和能力。

4. 個性特徵測試

主要是通過心理測驗試題或一些開放式問題來考察求職者的個性特徵，主要包括氣質測試、人格測試等內容。

5. 氣質測試

表 5-2-1　不同類型氣質的特徵

氣質類型	特　徵	適合的工作	溝通方式
多血質	1. 活潑好動，反應迅速，直爽，不拘小節，外部表現明顯 2. 反應速度快且靈活，興趣廣泛 3. 善於交際，很容易適應新的環境，注意力容易轉移	社交工作，如外交家、管理人員等	表揚為主，防微杜漸
膽汁質	1. 性情直率，精力旺盛，心中容不得不公平之事 2. 情緒容易衝動，抑制能力差	導遊、主持人	肯定優勢，避開其鋒芒
粘液質	1. 安靜、穩重，反應緩慢，情緒不易外露 2. 行動穩定遲緩，說話慢且言語不多。遇事謹慎，三思而行 3. 生活有規律，埋頭苦幹，有耐久力。不夠靈活，穩定性強，固執拘謹	法官、出納員、會計等	少指責，多鼓勵
憂鬱質	1. 上進心強，嚴於律己，爭強好勝，聽不得批評，情緒忽高忽低 2. 善於覺察他人不易觀察到的細節，孤僻敏感，多愁善感，細心謹慎	秘書、校對、檢察員、化驗員等	多加疏導，開闊其胸懷

氣質是人的個性心理特徵之一，它是指在人的認識、情感、言語、

行動中，心理活動發生時力量的強弱、變化的快慢和均衡程度等穩定的動力特徵。

氣質無所謂好壞、善惡之分。每一種氣質都有其好的一面，也有其不足的一面。不同氣質類型的人在不同的工作崗位都能作出突出的貢獻。

6. 人格測驗

較常見的人格測驗工具有霍蘭德職業興趣測驗、卡特爾 16 種人格因素測驗等。

表 5-2-2　霍蘭德劃分的六種職業類型及特徵

職業類型	特　徵	適合的工作
實際型	1. 喜歡有規則的具體勞動和基本操作技能的工作 2. 缺乏社交能力，不適應社會性質的職業	技術性的工作，如技術工人等
研究型	1. 具有聰明、理性、精確、批評等人格特徵 2. 喜歡獨立的和富有創造性的工作 3. 缺乏領導才能	科學研究型的工作，如科研人員
藝術型	1. 想像、衝動、直覺、理想化、有創意、不重實際 2. 不善於事務性工作	藝術工作，如詩人、導演
社會型	1. 合作、友善、善社交、善言談、洞察力強 2. 喜歡社會交往，關心社會問題，有教導別人的能力	社會工作，如教師、社會工作者
企業型	1. 冒險、有野心、獨斷、樂觀、自信、精力充沛 2. 喜歡從事領導工作	領導崗位
傳統型	1. 順從、謹慎、保守、實際、穩重 2. 喜歡有系統、有條理的工作任務	辦公室工作人員、打字員

7. 保險公司的「樂觀測試」

美國保險公司某年僱請了 5000 名推銷員並對他們進行了崗位培

訓，每位推銷員的培訓費高達 3000 美元。

結果僱用 1 年後有一半人辭職了，4 年後這批人員只剩下五分之一。究其原因是：在推銷人壽保險的過程中，保險推銷員不得不一次又一次面對被人拒之門外的窘境。該公司向賓西法尼亞大學的心理學教授塞裏格曼請教，並請他來公司檢驗自己關於「在人的成功中樂觀的重要性」的理論。塞裏格曼對 1.5 萬名參加過兩次測試的新員工進行了跟蹤研究。

研究表明，在樂觀測試中取得「超級樂觀主義者」成績的這一組人在所有員工中工作任務完成得最好。第一年，他們的推銷額比「一般樂觀主義者」高出 21%，第二年高出 57%。從此以後，通過該「樂觀測試」便成為被錄用為該公司推銷員的一個條件。

第三節　編制筆試題目

一、事先編制筆試題目

編制筆試題目時，首先應確定試題編制人員，然後方可編制具體的筆試題目。

1. 編制原則及試題類型

筆試題的編制要講究一定的科學性和系統性，具體有如下所示的編制原則和試題類型。

⑴編制原則

①考查範圍全面，專業、綜合

②難度設計適中，由簡入難

③用詞嚴謹，避免歧義

④試題類型及項目分佈合理

⑵試題類型

①客觀題(選擇、填空、判斷)，易於評閱、節省答題時間

②主觀題(簡答、論述)，易於編制，難以評分，耗費答題時間

編制筆試題時，要以應聘職位為核心，不同職位所考查的專業、業務知識是有所不同的，筆試試卷應儘量包含應聘者勝任該職位所需要的專業知識、技能等內容。同時，試卷內容又不能過於注重專業化，為了瞭解應聘者各方面的水準，筆試還應對應聘者的綜合素質、學習能力等有所考查。

圖 5-3-1 標準化筆試試題編制過程圖

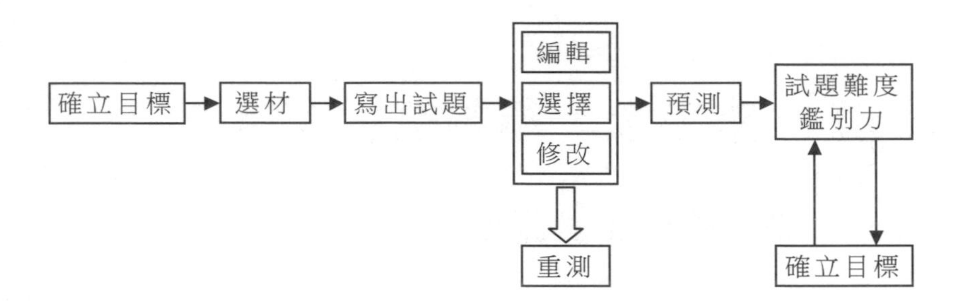

2. 試題編制人員

筆試是企業針對應聘職位精心設計的一系列具有系統性的書面問卷，涉及範圍不僅要包含應聘職位的具體工作內容，還要重點考核應聘者是否具備應聘職位所要求的綜合能力。所以筆試題要由人力資源部和用人部門共同編制完成，用人部門側重考查應聘者的專業知識和技能水準，人力資源部側重考查應聘者的思維能力、文字表達能力和綜合分析能力等。

二、實施筆試工作

筆試是由人力資源部組織，各用人部門協助參與，從而對應聘者進行考查測試的過程。具體要經歷如下 5 個步驟。

1. 成立筆試小組
2. 編制筆試題目
3. 組織試題測試
4. 審閱評估試卷
5. 發佈筆試成績

在評估筆試試卷階段，一般會形成一個如表 5-3-1 所示的筆試評估表，以方便筆試統計，並通知成績符合企業要求的應聘者參加復試。

表 5-3-1　公司筆試評估表

姓　　名		專　　業	
監 考 人		應聘職位	
筆試時間	年　　月　　日		
基礎知識	專業技能	簡答論述	總 成 績
分	分	分	分
評分標準	≥85 分，優秀 61～70 分，及格	71～84 分，良好 ≤60 分，不合格	
復試意見	是否允許該應聘者參加復試？　是□　否□		
	允許該應聘者參加(或不參加)復試的理由		
閱卷人簽字			

第四節　招聘筆試的實施標準

一、考試的方式

作為人才選拔的第一輪測試，此次考試主要以筆試為主，筆試成績合格者，可進入下一輪的考核。

二、考試前的準備工作

⑴考試試題的準備。人力資源部及其他相關人員收集材料，根據招聘崗位的特徵，編制筆試試題。

⑵招聘考試負責人員的確定。

⑶考試地點、時間的確定。

⑷其他相關工具的準備。

⑸通知應試者前來考試。通過簡歷篩選，挑選出基本符合條件的應聘人員來企業參加筆試。

三、考試的主要內容

1. 考試內容

⑴一般智力測驗

⑵專業知識水準測驗

⑶能力素質的測驗

2. 測評能力

⑴分析判斷能力

⑵邏輯思維能力

⑶解難能力

⑷其他工作所需的能力

四、考場的紀律

⑴監考人員應提前 10 分鐘到達考場，做好考試的相關準備工作。

⑵應試人員應準時到達考場，遲到 30 分鐘不得進入考場參加考試。

⑶應試人員按規定的時間進入考場，除了必要的文具，如鋼筆、圓珠筆等外，不得攜帶任何書籍、報紙等與考試有關的物品。

⑷應試人員領到試卷後，應清點試卷是否齊全、有無缺頁、是否有損壞等問題，若有這樣的情況應向監考人員舉手說明。

⑸應試人員不得向監考人員詢問涉及試題內容的問題，若有試卷字跡模糊或者試題錯誤等問題，可以舉手詢問。

⑹答題一律用藍、黑色鋼筆，中性筆或圓珠筆，答題卡要求用 2B 鉛筆。要求字跡工整、清晰。

⑺除在規定的地方填寫應試人員姓名外，不得在卷面其他任何地方做標記。

⑻保持考場安靜，同時關閉所有通訊工具。

⑼應試人員必須遵守考場紀律，服從考試工作人員和監考人員的安排，不准有交頭接耳等不良行為。

⑽考試時間結束，應試人員不得繼續答題，將試卷背面朝上，等待監考人員查收。

五、考試評判標準

考試結束後，閱卷人員應秉著公平、公正、客觀的態度展開試卷評判工作，選拔進入下一輪考核人選制定的標準。

企業會通知考試得分在 75～84 分、85 分及以上這兩個等級中的應試者繼續參加下一輪的選拔，對於得分在 60～74 分以及 60 分以下的人員，予以淘汰。

表 5-4-1　應試人員成績評定一覽表

分數	60 分以下	60～74 分	75～84 分	85 分及以上
標準	不及格	一般	良好	優秀

筆試考場的紀律

⑴監考人員應提前 10 分鐘到達考場，做好考試的相關準備工作。

⑵應試人員應準時到達考場，遲到 30 分鐘不得進入考場參加考試。

⑶應試人員按規定的時間進入考場，除了必要的文具，如鋼筆、圓珠筆等外，不得攜帶任何書籍、報紙等與考試有關的物品。

⑷應試人員領到試卷後，應清點試卷是否齊全、有無缺頁、是否有損壞等問題，若有這樣的情況應向監考人員舉手說明。

⑸應試人員不得向監考人員詢問涉及試題內容的問題，若有試卷字跡模糊或者試題錯誤等問題，可以舉手詢問。

⑹答題一律用藍、黑色鋼筆，中性筆或圓珠筆，答題卡要求用 2B 鉛筆。要求字跡工整、清晰。

⑺除在規定的地方填寫應試人員姓名外，不得在卷面其他任何地方做標記。

⑻保持考場安靜，同時關閉所有通訊工具。

⑼應試人員必須遵守考場紀律，服從考試工作人員和監考人員的安排，不准有交頭接耳等不良行為。

⑽考試時間結束，應試人員不得繼續答題，將試卷背面朝上，等待監考人員查收。

⑾考試評判標準

考試結束後，閱卷人員應秉著公平、公正、客觀的態度展開試卷評判工作，選拔進入下一輪考核的人選參考制定的標準。

企業會通知考試得分在 75～84 分、85 分及以上這兩個等級中的應試者繼續參加下一輪的選拔，對於得分在 60～74 分以及 60 分以下的人員，予以淘汰。

表 4-3　應試人員成績評定一覽表

分數	60 分以下	60～74 分	75～84 分	85 分及以上
標準	不及格	一般	良好	優秀

⑿迴避原則

招聘人員在招聘監考中，如發現有與自己有親屬關係的應聘者，應當迴避，且不得擔任本次、本場考試的監考工作人員。

⒀監督

招聘工作接受有關部門的監督，保證招聘考試工作的公平、公正性。

⒁試題的保管

要加強試題的安全保密措施，對在考試與招聘工作中洩題、漏題或有相關舞弊行為的人員從嚴處罰。

⒂違紀處理

對違反招聘紀律的工作人員，視情節輕重，給予調離工作崗位或相應的處分；對違反考場紀律的應聘人員，取消考試資格或聘用資格。

第五節　各工作崗位筆試題範例

1. 銷售崗位的筆試題

銷售類的崗位以業績為核心，要求應聘者機敏、靈活，善於與人溝通交流，並且要有團隊意識和進取精神，所以在設計銷售類崗位的筆試題時，就應注重考查應聘者的人際交往能力、溝通能力及市場拓展能力。

銷售類崗位的主要工作內容、所需知識及技能、應具備的職業素養如下所示。

表 5-5-1　銷售類崗位勝任素質要求

主要工作內容	崗位勝任素質
1. 市場調研與分析 2. 市場定位與開發 3. 行銷策劃與執行 4. 產品銷售 5. 產品推廣 6. 公關活動的實施	知識 公司知識、產品知識、行業知識、行銷知識 技能/能力 市場拓展能力、市場信息獲取及信息分析能力、溝通能力、人際交往能力、商務談判能力 職業素養 進取精神、誠信意識、團隊意識、忠誠度

以下是某公司針對銷售崗位的應聘者編制的筆試題，分為 A 卷(針對有銷售經驗的應聘者)和 B 卷(針對沒有銷售經驗的應聘者)，供參考。

表 5-5-2　銷售人員筆試題(A 卷)

試題部份	測評要點
姓　名：＿＿＿＿＿　應聘職位：＿＿＿＿＿　日　期：＿＿＿＿＿ 性　別：＿＿＿＿＿　年　　齡：＿＿＿＿＿　專　業：＿＿＿＿＿	
首先感謝您來我公司參加面試，請用 30～40 分鐘做完以下各題，預祝您面試順利！	
1. 如果您所在的銷售團隊長期以來銷售業績欠佳，士氣比較低落，在這樣的工作氣氛中，你一般會怎麼做？	從業心態、自信心、進取心
2. 如果您的同事業績比你要好很多，而您進入公司兩個月來仍沒有銷售業績，您一般會怎麼想？	承壓能力
3. 請簡單描述您以前所在公司的銷售流程及您以前常用的銷售方法和技巧。	銷售經驗、文字表達能力
4. 如果您給潛在的客戶第一次打電話，簡單自我介紹之後，對方立即回絕您，您一般會怎麼做？	隨機應變能力
5. 如果某位客戶一直在購買與您的產品相似的另一種產品，功能類似，價格卻比您的售價要低，您一般會怎樣說服客戶購買您的產品？	銷售策略
6. 如果公司所佔市場已趨於飽和，現要給您分配一個開拓新市場的任務，您覺得怎麼做才能完成這個任務？	市場開拓能力
7. 如果您的一位客戶在購買產品兩個月之後遲遲不付貨款，而公司財務要結算，現要求您在五天內追回欠款，您一般會如何向客戶催款？	貨款回收能力、客戶關係維護
8. 您認為自己適合在什麼樣的公司發展，對自己未來 3～5 年的職業規劃有那些？	進取心、應聘動機

表 5-5-3 銷售人員筆試題(B 卷)

姓　名：＿＿＿＿ 應聘職位：＿＿＿＿ 日　期：＿＿＿＿ 性　別：＿＿＿＿ 年　　齡：＿＿＿＿ 專　業：＿＿＿＿	
首先感謝您來我公司參加面試，請用 30～40 分鐘做完以下各題，預祝您面試順利！	
試題部份	測評要點
1. 您覺得作為一名銷售員，如何向客戶展示自己的專業形象，您對自己的外在形象滿意嗎？	從業心態、自信心
2. 請描述您經歷過承受壓力最大的一件事情，該事情給您造成什麼樣的壓力，您又是如何處理類似壓力的？	承壓能力
3. 請描述您覺得最有成就感的一次經歷或做過的最成功的一件事情，您當時是如何做到的？	文字表達能力、上進心
4. 請談談您以前的工作經驗，您從中學到了什麼，這對您從事銷售工作有什麼幫助嗎？	銷售工作認知
5. 如果公司給您分配這樣一個銷售任務：向路上的一位老先生銷售一條迷你裙，您覺得該如何說服老先生購買您的產品？	銷售策略、人際溝通能力
6. 您覺得銷售是一個長期性的工作嗎？未來 3～5 年您是如何規劃自己的職業生涯的？	進取心、應聘動機

2. 行政崗位的筆試題

行政類的崗位在企業中處於支援、服務地位，需要從業人員與企業各個部門溝通、協作，對應聘者的溝通、協調能力有較高的要求。行政類崗位的主要工作內容、所需知識及技能、應具備的職業素養如表 5-5-4 所示。

表 5-5-4　行政類崗位勝任素質要求

主要工作內容	崗位勝任素質
1. 行政事務及會議管理 2. 同定資產及低值易耗品管理 3. 公關接待 4. 文書檔案管理 5. 行政用車管理 6. 食堂和宿舍管理 7. 員工勞保與福利管理	知識 行政及檔案管理知識、辦公自動化知識、公司知識 技能/能力 文案寫作能力、行政事務處理能力、關注細節能力、溝通協調能力 職業素養 工作主動性、廉潔自律性、服務意識

××公司行政助理筆試題

姓名：＿＿＿＿＿＿　　專業：＿＿＿＿＿＿

人員類別：社會人員□　　　應屆畢業生□

非常感謝您前來應聘××公司行政助理職位，請您將下列各題的答案寫在相應位置，時間約為30分鐘，謝謝您的合作！

1. 您所理解的企業行政管理應包括那些工作內容？作為行政助理應該做那些工作？

2. 公司將於下月中旬組織一次旅遊，由您來承辦該項活動，請制定一份活動方案。

3. 請擬定一份關於中秋節放假的通知，並制定一則中秋節福利發放辦法。

4. 員工高某因酗酒鬧事嚴重影響公司的正常工作，被記嚴重警告處分，請作為行政助理的您擬定一份處分通知。

5. 公司總經理在例會上提出公司上月電費開支過大，請各部門注意節約用電。您覺得從行政方面如何進行公司的日常用電管理。

6. 總公司的相關主管到本公司公司視察工作，您覺得該如何做好接待工作？

員工招聘的面試工作

面試是企業與應試者雙方進行面對面的溝通，企業根據應試者在面試過程中的表現而對其做出評定，為人員錄用決策提供依據的一種重要手段，在人才甄選中佔有重要的地位。

第一節　員工招聘的面試過程

面試是企業與應聘者雙方的有目的性的溝通。企業據此可以大致地瞭解應試者所掌握的知識、技術及個人能力等其他相關信息；應試者據此可以瞭解企業的整體狀況及所應聘崗位的情況。

一、面試的特點

面試，相對於筆試而言，其優點表現在以下方面：

考察面廣，用人單位通過面試可以從應試者的知識層面、靈活應變能力、語言表達能力等諸多方面對應試者進行多管道的考察。面試過程中，用人單位除了可以瞭解應試者外，應試者也可以通過提問、觀察等方式瞭解企業，增進雙方的瞭解。

面試的缺點主要表現在以下方面：

時間長、費用高。面試如果時間太短，就不能對應試者進行全面考察。另外，面試過程除了佔用一定的人力、物力外，可能還需聘請外部的專家做指導，因而，成本相對筆試較高。帶有較高的主觀性，如果面試考官缺乏一定的培訓或者素質不高，則難以有效地掌握面試的技巧，其對面試結果的評估的效度和信度也會有很大的影響，從而影響整個面試的效果。

二、面試準備

在筆試選拔階段，企業能考察到的主要是應聘者的書面文字表達能力、公共基礎知識的掌握程度、部份專業能力等有限的信息，但應聘者的性格、儀表、經驗和綜合能力是否與招聘崗位所需要的素質相符合，應聘者的價值觀是否與企業的價值觀相匹配，則需要企業招聘者在與應聘者進行的面對面的交流與溝通中，透過交談與觀察才能夠掌握。

1. 成立招聘考官面試小組

在現代組織中，企業內部的人力資源管理部門和用人部門都要參加重大的招聘工作。人力資源管理部門主持日常性招聘工作並參與招聘的全過程。招聘團隊中，仍以人力資源管理部門為主，並吸收有關部門人員參加，實際用人部門(業務部門)的意見將在很大程度上起決定性作用。

在傳統觀念，招聘是人事部門的事，用人部門只要提出用人需求就行了，事實是，只有用人部門最清楚需要什麼樣的人，招聘進來的人員素質和能力將直接關係到用人部門的工作績效。

人力資源部以及用人部門人員為主，組成招聘面試小組，作為面試考官，擔負著甄選人才的重任。

2. 閱讀空缺職位的職位說明書

如果沒有清楚地瞭解空缺職位的工作要求，並建立起一套精確的體系的話，評價應聘者就很難，面試的準備工作從閱讀職位說明書開始，即首先要瞭解所招聘職位的職責任務、素質技能要求、工作關係、環境特點、薪資福利等。

對職位的描述和說明是在面試中判斷應聘者能否勝任該職位的依據，因此招聘主考官在進行面試之前，必須對職位說明信息瞭若指掌。

為了判斷招聘面試者是否熟悉職位說明書，可通過以下幾個問題進行自我測驗：我是否對判斷候選人身上應具備那些重要的任職資格足夠瞭解？我如何問出應徵者的主要能力？我是否能夠將該職位的職責清晰地向候選人溝通？我能夠回答候選人提出的關於職位信息和公司信息的問題？如果我是代表人力資源部的面試者，我是否對該職位的薪酬福利標準有足夠的瞭解？

3. 資料閱讀與準備

(1)閱讀應聘者登記表與簡歷

仔細閱讀應聘者的應聘材料和簡歷，一來可以熟悉應聘者的背景、經驗和資格並將其與職位要求相對照，對應聘者的勝任程度作出初步的判斷；二來可以發現應聘者的應聘材料和簡歷中的問題，供面試時進一步討論、瞭解。

⑵熟悉應聘者前幾輪的測試成績和競聘演講稿

前幾輪的測試情況可能包括：筆試成績、人一機對話的成績和評價、模擬考試成績、外語成績、競聘演說的演講稿以及其他收集到的信息。通過對前測試情況的瞭解，既可以淘汰一部份應聘者從而篩選出面試對象，也可以預先掌握應聘者的一些情況從而為面試確定提問的重點。

4. 面試場所的選擇與佈置

面試的環境首先必須是安靜的，為雙方的交流提供一個良好的環境氣氛。面試場所的選擇，一般根據招聘職位的高低、根據招聘崗位面試的人數、根據招聘崗位的不同、根據是否需要聽眾和聽眾多少來選擇場所的大小。

面試場所的佈置應既嚴肅又有人情味，既緊張又不失溫馨。應聘者與考官的桌面佈置應基本相同，並互相都有明確的標記，場記安排在考官席的左邊或右邊，如有聽眾，則聽眾席應在考官席後面，不要擺在考官席的左右兩側，以免對應聘者形成包圍之勢。

5. 面試地點的準備

根據面試考官人員的多少，面試考官與應試者的座位安排一般如下。

①多對一的面試

多對一的面試，即多個面試考官面對一個應試者，一般考官不要超過五人，三人較佳。此時，最好採用圓桌式的座位安排，應試者與主考官正對面而坐。

②一對一的面試

一對一的面試，一般有如下四種座位安排，如圖 6-1-1 所示。

圖 6-1-1　面試座位安排

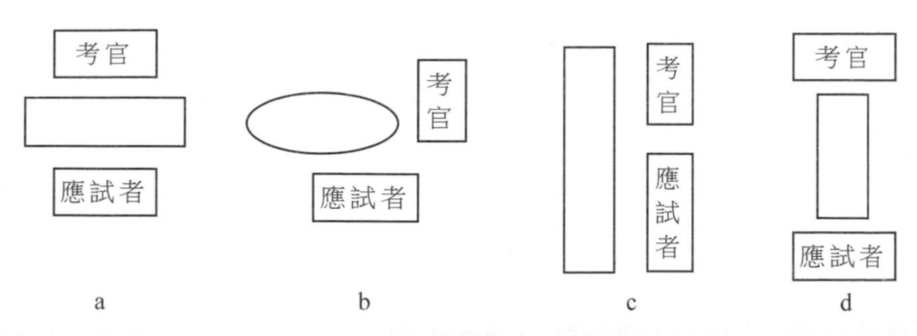

在圖 a 中，考官與應試者距離較近，且是直接面對，應試者自然會產生一種心理壓力；圖 c 中，雙方坐於同一側，顯得面試不太規範、正規圖 d 中，考官與應試者距離較遠，無形中讓應試者覺得有一種障礙，也不利於雙方較好地交流；；圖 b 中，雙方不僅在距離上比較適合，這樣的安排也不會給應試者造成過多的心理壓力，因此，相對說來，是一種較為妥善的方式。

③多對多的面試

多對多的面試，即集體面試。採用此方式時，應試者通常會被隨意地分為幾個小組，就某一問題展開討論，面試考官在一旁觀察應試者的邏輯思維能力、領導能力、語言表達能力等，最終對應試者進行甄選。

表 6-1-1 面試評分表(一)

應聘者姓名		性別		年齡	
應聘職位		所屬部門		面試日期	
測評內容	評分標準(1—差，2—較差，3——一般，4—良好，5—優秀)				
儀容儀表					
專業知識水準					
工作能力					
工作主動性					
綜合素質					
考官總體評價： 簽字：　　　　日期：					

表 6-1-2 面試評分表(二)

應聘者姓名		性別		年齡	
應聘職位		所屬部門		面試日期	
面試內容	測評要素	得分			
儀容儀表	著裝打扮				
	言談舉止				
	氣質				
知識水準	學歷				
	專業				
能力水準	分析判斷能力				
	邏輯思維能力				
	語言表達能力				
	人際溝通能力				
	靈活應變能力				
個性特徵					

三、面試過程

大部份面試的過程可以概括為五個階段：建立融洽關係階段、導入階段、核心階段、確認階段、結束階段。每個階段的任務不同，所使用的問題類型也有側重。

1. 建立融洽關係階段

該階段佔整個面試時間的 2%左右，雖短暫但重要，確定了其餘面試部份的基調，即所謂良好的開端是成功的一半。這一階段的主要任務是考官要幫助應聘者放鬆心情，創造一個寬鬆、良好的談話氣氛，有助於應聘者在以後的面試中能夠盡可能放開自我，雙方展開有效溝通。一般而言，在面試開始時宜問一個能讓應聘者心裏知道如何回答，也能夠回答的導入性問題，通常進行一些與工作無關的談論。

例如以天氣、交通等為話題：「這兒還容易找吧？」「路上車子堵嗎？」「今天天氣真不錯啊！」「是從公司直接過來的嗎？」這些問題不僅與關鍵勝任力沒有什麼關係，而且是隨意而封閉式的，旨在建立融洽的關係。在此開始階段，較忌諱的是考官一開口就問一些對招聘意義不大、難以回答、容易使應聘者陷入被動或提防的問題，例如，「告訴我，你為什麼要申請這份工作？」

2. 導入階段

該階段約佔整個面試時間的 8%。這一階段的主要任務是幫助仍舊有些緊張的應聘者放鬆心情並給予他們對自我能力及情況的介紹與評價的機會。在此階段提出的問題，一般應選擇應聘者熟悉的話題，以開放式的、寬泛的問話方式，一方面可以緩解應聘者依然有點緊張的情緒，讓他有較大的自由發揮空間；另一方面也為考官後面的提問做些準備。這些問題一般包括讓應聘者介紹一下自己的經歷、介紹自己過去的工作等。

例如，「請你介紹一下你的工作經歷，好嗎？」「你能大致談一下你在薪酬管理方面的工作經歷嗎？」「讓我們從你最近的一份工作談起，說說你在這家公司主要負責那些工作。」

3. 核心的面試階段

該階段是整個面試過程中最重要的階段，佔整個面試時間的 80%左右，其中用於關鍵勝任力的考察時間為 65%左右。在此階段，應聘者將被要求講述一些關於關鍵勝任能力的事例，考官將著重收集關於應聘者關鍵勝任能力的信息，主要需要明確三個方面的信息：一是確認某些模糊的背景信息；二是評估其既往的教育專長和工作成就；三是根據其對問題的回答及觀察，推斷其與企業、工作/崗位的適合度。因此，這一階段使用的面試問題也主要是關於關鍵勝任能力的行為性問題，並配合使用其他問題，以便能夠基於這些信息或事實作出客觀的評價和判斷，考官也是主要依據這一階段的信息在面試結束後對應聘者作出錄用與否的決定的。一般情況下，在此階段，你可以先用一個開放性的問題引出一個話題，隨後用行為性的問題將該話題聚焦在一個關鍵的行為事件上，接著可能會不斷地使用探究性問題進行追問。如果應聘者過去的經歷中沒有相關的實例，那麼就可以使用一些假設性的問題。

考官：請問當你與用人部門的主管對某一職位的用人要求有不同意見時，你是怎樣處理的？(開放性問題)

應聘者：我想我會儘量與用人部門的主管溝通，把我的想法和理由告訴他，並且詢問他的想法和理由，雙方求同存異，爭取達成一致意見。

考官：那麼你能不能舉出一個你所遇到的實例，當時用人部門的主管與你在某個職位的要求上沒有達成共識，給我講一講當時的情況是怎樣的？（行為性問題）

應聘者：好吧。有一次保安部門有一個保安人員職位的空缺，用人部門的經理要求找到的人必須身高在 1 米 8 以上，體重在 80 公斤以上。

考官：為什麼？（探究性問題）

應聘者：因為他認為身材強壯的保安人員對壞人具有威懾力。

考官：那麼後來怎麼樣了呢？（探究性問題）

應聘者：我向那個部門經理解釋這並不是必要的條件。因為對於保安人員來說，忠於職守、負責任、反應敏捷、有良好的自我控制能力這些才是最重要的，而身高和體重則不必非得提出那麼高的要求。

考官：那用人部門的主管是怎樣反應的呢？（探究性問題）

應聘者：他還是堅持他的意見。

考官：那麼你是怎樣做的呢？（探究性問題）

應聘者：我對他說，如果你能拿出一些統計數據表明保安人員的身高和體重確實可以阻止壞人的犯罪企圖，那麼我就接受這條要求，否則的話，提出這種要求是沒有道理的。

考官：那接下去的情況怎麼樣了呢？（探究性問題）

應聘者：接下去那位部門經理收回了他的意見，到現在為止，那個職位還處於空缺的狀態。

考官：那麼你和那位部門經理這次意見不一致是否影響了你們之間的關係？（封閉式問題）

應聘者：沒有。

面試繼續進行：

考官：能不能給我講一下你所遇到的這樣一種情形：對於一個用人部門已經初步決定錄用的候選人，你在進行他的背景調查後，發現他的前任老闆對他有一些不太好的評價，遇到這種情況，你是怎樣做的？(行為性問題)

應聘者：我還沒有遇到過這種情況。

考官：那麼能不能假設，如果你遇到了這種情況，你會怎樣做？(假設性問題)

應聘者：那不太好說。

考官：好吧，我們換一種問法，你是否遇到過你所獲得的關於候選人的信息與他在簡歷上所提供的信息不一致的情況？舉出一個這種情況的例子好嗎？(行為性問題)

應聘者：哦，當然可以，我明白了你的意思。我會不斷進行追查和比較這些信息，直到我發現了事實真相為止。你前提到的那個問題中，我可能會繼續詢問候選人的前任主管一些問題。

考官：那你會詢問一些什麼樣的問題呢？(探究性問題)

應聘者：我會讓他舉出一些具體的實例來證明他所說的，並且我也會尋找其他一些知情者來驗證這些信息。

就像這樣，我們可以將行為性問題、開放性問題、探究性問題、封閉式問題等結合起來，著重收集應聘者關鍵勝任能力的信息。

4. 確認階段

確認階段佔整個面試時間的 5%左右，其主要任務是進一步對核心階段所獲得的對應聘者關鍵勝任能力的判斷的確認和核實。在此階段一般不再引入任何新話題，可以將前提及的內容請應聘者概括或再次深入地闡述。這一階段所使用的問題以開放式為主，或帶一些封閉式和行為性問題，這些問題可能相對比較敏感、尖銳，因為許多應聘者都有豐富的求職面試經驗，常規問題常常難以發現其深層次的心理特徵，我們根據組織、工作/崗位的特點設計一些針對性的特色問題，既不能傷及應聘者的人格和隱私權，又能使應聘者不為人知的一面凸顯出來。這裏，該公司在確認階段根據對人力資源經理助理候選人的核心階段的面試所提出的進一步的問題：

「剛才我們已經討論了幾個具體的實例，那麼現在你能不能清楚地概括一下你在安排新員工培訓方面的流程是怎樣的？」

「前面提到你曾經幫助人力資源總監制定有關的人力資源政策。具體地講，你自己到底做了那些工作？」「當你解決一個問題進展不順利時，你會怎麼辦？」

「我需要進一步弄清楚你是在什麼時候向什麼人解釋或說明這些政策和措施的。你能否再多談點有關情況？並舉兩個例子。」

實際上，這些問題一方面可以提供更確切的信息，幫助你作出準確的判斷，另一方面也向應聘者說明你很注意傾聽。

5. 結束階段

結束階段佔整個面試時間的 5%左右，主要任務是檢查是否遺漏了關於那些關鍵勝任能力的問題，是考官加以追問的最後機會。當然，應聘者在此階段也應抓住最後機會表現自己。在這個階段，可以適當採用一些基於關鍵勝任能力的行為性問題或開放性問題。可能有這樣的提問：

「你在運用 KPI 模式進行績效管理方面是否還有其他情況想向我們介紹，以幫助我們瞭解你在這方面的專業技術水準？」

「你能否再舉一些在薪酬設計方面較難處理的環節以及你是如何解決的例子？」

「你能否再舉一些例子來說明你具有良好的與同事合作的能力

以便於幫助我們做出聘任決策？」

當應聘者認為自己已經得到了充分、全面地展示自己工作適應能力的機會，滿意地離開你的辦公室時，說明你已經獲得了決定對方是否合適擔任此空缺職位所需的信息。

總之，根據結構化面試的要求，面試中所提的問題應該有一個比較清晰的脈絡，考官需將問題分類歸納，避免重覆提問、雜亂無章、讓應聘者暈頭轉向。

以上幾個階段的劃分，並不是固定的模式，僅僅是一種指導，在組織運用過程中，應根據實際情況靈活掌握，使面試過程既具有連續性又能顯出階段性，保證面試過程的流暢、有效。

第二節　面試過程

面試是一個循序漸進的過程，尤其是在面試階段，企業的面試人員應把握好面試的進度，做到有條不紊地實施面試。

一、面試過程實施

1. 面試階段

面試人員與應聘者第一次接觸，為了消除應聘者的緊張情緒，為面試創造友好輕鬆的氣氛，面試人員可問一些輕鬆的、與面試不甚相關的問題。如「來的路上還順利吧」「路上沒堵車吧」「今天不算很熱，是吧」。

寒暄過後，面試人員應提問一些比較通用的、應聘者比較熟悉並且可能有所準備的問題。如「請你簡單介紹一下自己」「請簡單談一下你的工作經驗」「過去的工作經歷中，對你影響最大的一件事是什麼」。

2. 面試提問方式

面試過程中如何對應聘者進行有效提問，需要講究一定的技巧。一般來講，提問時有 8 種方式可供選擇，具體如下所示。

⑴封閉式提問

封閉式提問是一種收口式的提問方式，即讓應聘者簡單地回答是與否即可，涉及的範圍比較小，例如「您畢業於××××大學，是嗎？」

⑵開放式提問

開放式提問可以讓應聘者充分發揮出自己的水準。例如「對這一種做法，您有什麼看法？」評估應聘者的回答是否做到條理清晰、邏輯性強、有說服力，充分展現各方面的能力，

⑶假設式提問

即讓應聘者置身於某一特定的環境中來思考問題，主要考察其應變能力、解決問題的能力和思維能力。例如「假如您成功地應聘上了這個職位，您將如何開展工作？」

⑷引導式提問

這類問題主要用於徵詢應聘者的某些意向、需要一些較為肯定的回答。例如「您的期望薪酬是多少？」「您過去所負責的部門人數有多少？」

⑸連串式提問

就某一問題所引發的一系列問題進行發問，考察應聘者的反應能力、邏輯性和條理性。例如「您在過去的工作中最成功的一件事情是什麼？其成功的因素有那些？是否還有需要改進的地方？」

⑹重覆式提問

重覆式提問是面試人員根據檢驗應聘者的回答來判斷自己得到的信息是否準確，或者是確認探測應聘者的真實意圖。例如「您的意思是……」

⑺投射式提問

讓應聘者在特定條件下對某種模糊情況做出反應，向應聘者展示各種圖片，要求其說出觀看後的反應、感受，或者讓應聘者補充不完整的句子。例如「困難就好比……，只要……，最後……」

⑻壓迫式提問

面試人員故意提問一些具有壓力性的問題，考察應聘者在壓力下的反應。例如「您的工作閱歷與專業與我們的職位有一定的差距，您錄用的可能性不是很大，對此，您會怎麼想？」

3. 面試提問技巧

除了選擇合適的提問方式對應聘者進行提問，面試人員還應該掌握一定的提問技巧，尤其是在面試開場時，應聘者一般都會帶有或多或少的緊張情緒，面試人員提問時若不注意運用一定技巧，會影響到應聘者正常水準的發揮。所以，面試人員在提問時，應注意以下提問技巧。

⑴語氣自然親切

在面試開始時，儘量使用自然、親切的語氣，以緩解應聘者的緊張情緒，使其慢慢融入面試過程，充分發揮出正常甚至更好的水準。

以下是一則面試開場白，以供參考。

面試人員：「您好，歡迎您的到來，今天過來路上還順利吧？」

應聘者：「謝謝，坐車挺順利的。之前在電話中貴公司的工作人員告訴了具體的地址和乘車路線，況且，貴公司所在地處於繁華地帶，所以很容易就能找到。」

面試人員：「哦。您又是如何得知我們的招聘信息的？」

應聘者：「我看到貴公司在××網站上發佈的招聘信息，並且我的專業和工作經歷比較符合要求，所以申請了這個職位。」

面試人員：「好的。那麼我想更多地瞭解您工作方面的信息，請您先做個簡單的自我介紹，好嗎？」

⑵所提的問題要簡明、有力

面試人員向應聘者發問時，應注意語速、節奏等方面的細節，如採用連串式的提問方式，應注意語句的停頓及問題的清晰、明瞭。

⑶提問的順序應從易到難

面試人員一般會在面試開始前準備好一部份試題，對於提問的順序，基本上應遵循先易後難、先具體後抽象的原則，因為這樣做有助於應聘者放鬆緊張的情緒，進入面試的狀態。

⑷聲東擊西

面試人員若發現某一問題應試者欲言又止或者持不想說的態度，則可以嘗試著問其他相關的問題，從而達到獲取相關信息的目的。

⑸適當地追問

為了更詳細地瞭解某一信息，考官可以適時地對應試者進行追問。

4.結束面試

面試人員提問完所有問題後，在結束面試之前應給予應聘者提問的機會。如「你還有什麼要補充的嗎」「對我們公司你還想瞭解什麼」「對於××職位，你還有什麼問題要問嗎」。

在結束面試時，不管錄用與否，面試人員均應禮貌地感謝應聘者前來參加面試，並將下一步的面試流程告知應聘者，如「非常感謝你今天過來參加我們公司的面試」「面試結果將在一週內公佈，我們屆時會通知你」。

二、各工作崗位的面試題

面試試題的類型儘管種類繁多、功能各異，但在設計、編制面試試題時至少需掌握如下所示的要求：

(1)面試內容要直接體現面試的目的和目標。

面試的目的是進一步考察應聘者的能力水準、綜合素質等情況，為企業選擇合適的人才提供充分的依據。

(2)面試題目必須圍繞面試的重點內容來編制

編制面試題目的是為了更好的對應聘者進行考察，進行實現面試的目的。

(3)試題的科學性與可測性

面試試題不僅應是科學的，而且還應是有效的、實用的。

(4)題目要有共性和個性

由於應聘者的經歷不同，因此，每項面試內容可從不同角度出一組題目，面試時根據情況有選擇地提問，這樣效果更佳。

(5)題目要有可評性和透視性

面試試題的可評價性是指在面試過程中提出的問題在應聘者回答之後是可以評價的；其透視性是指面試的題目能從一些特定的角度折射出應聘者特定的素質。

(6)面試試題要有目的性和可比性

每個面試試題必須明確考察應聘者某個方面的特定的素質；另外，通過對應聘者按規定的內容進行面試，不但可大體得知應聘者在這方面的情況，還可以對所有應聘者進行比較，以定優劣。

面試題目根據應聘崗位的不同而有所差異，以下是各崗位通用面試題，以及銷售、行政、財務、管理四類比較常見的崗位面試題，以供參考。

1. 各工作崗位的通用面試題

面試人員在對應聘者進行面試(尤其是初次面試)時，一般會提問一些比較通用的問題。

⑴請簡單做一下自我介紹吧
⑵請簡要談談你的優缺點
⑶談談你的學校生活吧
⑷談一下你的工作經歷
⑸你具備那些勝任工作的能力
⑹你是如何看待加班的
⑺你的業餘時間都怎麼度過
⑻你為什麼從原單位離職呢
⑼你怎麼評價你工作過的公司
⑽這個職位最吸引你的是什麼
⑾你對本公司瞭解多少
⑿你打算怎麼開展這份工作
⒀你認為理想的工作是什麼
⒁你的職業目標和規劃是什麼
⒂你通常怎樣適應一個新環境
⒃你的期望薪酬是多少
⒄你會接受低於目前的待遇嗎
⒅你對我們公司有什麼要求

⒆你還有什麼要補充的嗎

⒇你還有什麼疑問嗎

面試人員可根據表 6-2-1 提供的 10 種通用問題評分標準或評價要點對應聘者進行初步評價。

表 6-2-1　10 種面試通用問題評價要點

序號	評價要點		
	面試問題	得分項目	扣分項目
1	請簡單做一下自我介紹	簡明扼要的介紹 所學到的專業能力 所取得的業績成就 勝任職位的關鍵能力	含糊不清，冗長囉嗦 完全重覆照搬簡歷內容 沒有邏輯，層次混亂 閉口不談自己的勝任能力
2	你為什麼應聘我們公司	對行業的熟悉 對公司的瞭解 對職位的興趣 與自身情況的吻合	對本公司一無所知 一味奉承本公司 過於強調物質因素 說些偶然、碰運氣之類的話
3	你有什麼職業規劃或目標	說明具體職業目標 如何實現職業目標 與應聘職位的吻合度 如何調整以適應變化	無任何打算和規劃 說不切實際的大目標 無具體的實施行為 變來變去，無穩定性
4	你的學校生活是怎麼度過的	儘早的規劃和準備 學業成就、學習心得 校園活動得到的鍛鍊收穫與應聘職位密切相關	無規劃，盲從他人 流水賬式敍述所學課程 無重點、無突出內容 與應聘職位毫不相干

續表

5	請談一下你的工作經歷	所取得的主要業績 鍛鍊和獲得的關鍵能力 與應聘職位有一定關聯 如何看待應聘職位	對以前工作全盤否定 對前任公司負面評價 刻意掩飾職業空白期 與應聘職位無關聯
6	你有那些優缺點	優點是否符合職位要求 如何利用優點做好工作 缺點是否是職位所忌諱的採取的克服缺點的行為	自傲，過於誇大優點 優點與職位要求不相干 過於自謙，列出很多缺點所說缺點是職位忌諱之處
7	面對挫折失敗你會怎麼做	對挫折失敗的認識 面對失敗的態度 克服挫折的行為 總結失敗的教訓	怨天尤人，萎靡不振 談尚未走出陰影的失敗 將失敗完全歸咎於他人 不總結經驗教訓
8	你如何適應工作	認清工作職責權限 積極主動與人溝通 向同事討教、學習工作之餘自我充電	經驗很豐富，無需適應 工作後自然而然就能適應過於依賴同事幫助 一味強調學習理論知識
9	你的期望薪酬是多少	對自身價值的客觀評估 給出期望薪酬的區間範圍更關注公司與自身的發展按照公司薪酬制度執行	過於自謙 自高自大，要價高不可攀對具體薪酬數值斤斤計較就錢論錢，不談貢獻
10	請問你還有什麼疑問	對做好工作準備的提問 對工作內容的提問 對公司員工培訓的提問 詳問 HR 簡略提及的內容	沒有問題可問 對公司長期戰略的提問 再次提出薪酬待遇問題 其他

2. 銷售工作崗位面試題範例

⑴市場行銷與銷售有什麼區別

⑵請用三句話推銷你自己

⑶請你把桌子上的鋼筆推銷給我

⑷你怎樣看待陪客戶吃飯、唱歌

⑸遇上「謝絕推銷」，你會怎麼做

⑹你打算如何拓展新客戶

⑺面對挑剔的客戶你怎麼辦

⑻同事搶了你的客戶，你怎麼辦

⑼銷售員應有什麼樣的從業態度

⑽銷售帶給你的最大收穫是什麼

3. 行政工作崗位面試題範例

⑴行政工作在組織中處於什麼地位

⑵如何處理銷售員不按時考勤的現象

⑶如何擬定一個客戶接待方案

⑷怎樣才算完成了交辦的任務

⑸怎樣才能做好人事行政工作

⑹如何對待滋事生非的員工

⑺如何協調部門間的矛盾

⑻怎樣才能使例會變得有效

⑼你如何組織本公司年會活動

⑽談談你從事行政工作的體會

4. 管理工作崗位面試題範例

⑴管理者應具備那些基本索質

⑵你最近讀過那些管理類書籍

⑶如何面對下屬員工集體辭職

⑷如何提升組織內部的士氣

⑸你覺得該如何培養下屬

⑹上級派下任務後，你如何分工

⑺你怎樣處理下屬之間的矛盾

⑻你怎麼看待事必躬親的管理者

⑼你如何制定部門發展計劃

⑽你如何建設一個高效的團隊

三、素質能力的面試評價

面試人員除了對應聘者實施與工作崗位密切相關的考察和評估，還應對應聘者的各項素質(如忠誠、敬業、責任心、誠信、自信心、團隊意識等)及各種工作能力(如適應能力、溝通能力、學習能力、計劃能力、壓力管理能力、解決問題能力等)進行測試和評價。以下是根據不同面試問題的評價要點，對應聘者所應具備的各項素質和能力做出的評判。

1. 自信心評價

問題一：我們為什麼要錄用你？

考察應聘者是否對自己充滿信心。如果應聘者支支吾吾，覺得錄用誰都無所謂，便是缺乏自信心的表現，如果應聘者能夠根據自身情況，強調自己的優勢，說明幾條強有力的理由，並據理力爭，說明其對自己還是有一定的信心的。

問題二：請說出三個非用你不可的理由。

這種情況下，面試人員對於應聘者的回答可以一一反駁，從而觀察應聘者是否能一直保持自己的信心，這個問題中理由顯得並不是最重要的，關鍵是看應聘者的是否有足夠的自信心。

問題三：你是應屆畢業生，缺乏工作經驗，如何能勝任這份工作？

針對應屆畢業生缺乏工作經驗這一弱點來挑戰應聘者的自信心。一方面考查應聘者是否清楚自己作為應屆畢業生的優勢，另一方面考察應聘者是否有勝任工作的自信心，以及如何採取行動以勝任工作。

2. 公司忠誠度評價

問題一：你是如何看待跳槽的？

如果應聘者頻繁更換工作，應要求對方詳細說明每次離職的具體原因，如果應聘者是第一次更換工作，可要求其表明自己對跳槽的看法，從而判斷其是否認同跳槽對企業的危害，以及頻繁跳槽是一種缺乏忠誠度的表現。

問題二：能說明一下你為什麼離開了原來的公司嗎？

面試人員應該探求應聘者從原單位離職的真正原因，並儘量讓其把離職原因說得詳細一些。那些「公司破產」「家裏有事兒」等客觀措辭也許是應聘者隨便的藉口，真正的原因有可能是「不會處理人際關係」「不滿意原單位」等。

問題三：如果你進入我公司後，發現還有更好的工作機會，你會如何做？

這是一個具有誘惑性質的問題，如果應聘者回答時猶豫不決，說明其並未下定決心在本公司好好工作，將來跳槽的可能性很大，如果應聘者毫不猶豫地拒絕外面的誘惑，可以判斷其還是具有一定忠誠度的，但不排除應聘者還有其他想法的可能。

3. 敬業評價

問題一：在原來的公司你是否做過一些分外工作，請舉例說明？

其主要考查三點：一是求職者是否將本職工作也看成是分外的事情；二是所做的分外工作應該比較圓滿，而不是「幫倒忙」；三是分外工作是否是應聘者主動請纓，如果被迫而做，並不能說明其具備敬業的精神。

問題二：客戶找你同事，該同事恰巧不在，而平時你們總鬧矛盾，你會怎麼做？

同事之間有摩擦是工作中經常發生的事，關鍵看如何區分處理私人事情和公司事情。一方面看應聘者是否會把對同事的情緒轉嫁到客戶身上，另一方面看應聘者是否會主動緩和與同事之間的關係。

問題三：公司調你去另外一個部門從略低於你現在的職位幹起，你會怎麼想？

考查應聘者是否會因職位的降低憤憤不平，其考慮問題的角度是從個人出發，只關心自己的職位及相關待遇，還是從公司的角度考慮，更關心公司、工作或者是個人能力的提升。

4. 責任心評價

問題一：你在工作中遇到比較困難的任務時，都是如何處理的？

一個能夠妥善處理困難工作的人，往往會是一個比較有責任感的人。一方面考察應聘者對待困難工作的態度，是害怕承擔任務還是積極應對困難，另一方面考察應聘者如何利用資源或選擇合適的方法來解決困難。

問題二：如果某項工作總是沒有結果，你通常會怎麼做？

主要考察應聘者的工作責任感問題。作為一個員工，不應該輕易放棄自己的工作。一方面考察應聘者會不會半途而廢，另一方面考察其是否能主動尋找原因，此類題還可以追問如果問題是南應聘者自己原因造成的，他會如何做，看其是否勇於承擔責任。

問題三：假設上級不在，你必須做出超出自己權限的決定，你該怎麼做？

考察應聘者對責任重要程度的認識。如果應聘者不敢做決定，堅決等到上級回來再說，說明其缺少敢於負責的精神，如果盲目草率做出決定，給公司造成不必要的損失，也是對公司的不負責任，所以也要看應聘者是否考慮週全。

5.誠信評價

問題一：一位同事跟你講了一個秘密，而你覺得老闆也有權知道這個秘密，你會怎麼做？

這是涉及「大誠信」與「小誠信」的問題，關鍵看應聘者如何對「秘密事件」進行區分，單純回答保守秘密或向老闆告發的應聘者都欠妥，如果應聘者能夠既維護朋友私利又不損害公司利益，則可判斷其具有一定的誠信。

問題二：你原告供職的公司有什麼行銷策略，未來 3 年的發展方向是什麼？

如果應聘者無所顧忌將原公司的商業機密全盤托出，可以判斷其是一個不講誠信的人，只有對自己所服務的公司保持信用，那怕是離職後也不應洩露該公司的秘密，這樣的人才會在以後的工作中講誠信。

6.團隊意識評價

問題一：你認為一個人單獨工作效率高還是團隊協同工作效率高？

本題主要考察應聘者是否有良好的團隊合作意識，任何一項工作的完成都會或多或少需要他人的協作和配合，所以即便應聘者應聘的是看似一個人就能完成工作，也需要其具備團隊合作的意識。

問題二：你喜歡和什麼樣的人一起工作？

一般情況下，應聘者喜歡共事的人應該具備應聘者自身所具備的一些特點，從應聘者的回答可以判斷應聘者本人的品質。另一方面考察應聘者在回答本題時是否從團隊的角度考慮問題。

問題三：你以前的同事如何評價你？

以前同事對應聘者的評價可以反映出應聘者團隊合作能力的強弱。如果應聘者說的都是對自己有利的評價，則要求其舉出具體的事例，從應聘者具體的行為中判斷其是否具備團隊合作意識。

7. 適應能力評價

問題一：請講述一個你自己不喜歡、但公司強加給你的改變？

著重考查兩方面：一是看應聘者對公司強加的改變持什麼態度，二是看應聘者是否根據公司的要求採取相應的行動來適應這種改變。這就要求應聘者不僅具備大局意識，還要不斷調整自己以適應變化。

問題二：你認為應該如何適應一個新的工作環境？

是否能成功融入一個新的工作環境或團隊，是一個人適應能力、溝通能力的綜合體現，也是順利完成工作任務的保證。本題著重考查應聘者是否能夠根據環境來調整自己、改變自己，以適應新環境。

問題三：你以前的主管最讓你不滿意的地方是什麼？

無論過錯在誰，如果應聘者對以前的公司、同事、上級主管等評價時使用的是批評性的語言或負面的措辭，那麼該應聘者應該不會是一個適應力很強的人。管理風格不一樣，應聘者應當調整自己來適應上級主管，而不是一味地批評和埋怨。

8. 溝通能力評價

問題一：當你正與上司談工作時，手機突然響了(有人給你打電話)，你會怎麼處理？

本題有兩個關鍵：一是確保與上司的談話能夠繼續進行，如果應聘者選擇接電話，就會擾亂上司的思路，不僅是對上司的不尊重，也使談話無法進行；二是應聘者在談話結束後如何處理未接的來電。

問題二：現在讓你去處理兩個同事之間的矛盾，你會怎麼做？

解決矛盾或衝突是對應聘者溝通能力的更高層次要求，矛盾或衝突的化解需要調解者具有縝密的思維和良好的分析能力，不僅要權衡雙方各自的利益，還應從大局出發提出雙方都能接受的辦法。

問題三：你是否有過誤會別人或被別人誤會的經歷？說說你是如何解決的。

誤會的經歷在生活和工作中是比較常見的，如果應聘者有過誤會別人或被別人誤會的經歷，就要看其是如何處理此類事件的。如果最後的結局使誤會加深而並沒有消除，則說明應聘者的溝通能力尚需加強。

9. 學習能力評價

問題一：你在過去的工作中學到了什麼？

這是要求應聘者總結學習經驗的一道題。面試人員通過應聘者的描述判斷其以前取得的成績和進步。要求應聘者既要回答涉及工作任務達成方面的內容，也要回答涉及其對人際關係方面的理解等內容。

問題二：你認為自己那些方面還有待加強？

這是考察應聘者學習動力及上進心的問題。一是要看應聘者對自己勝任工作是否有清楚的認識，二是看應聘者是否滿足於現狀而停止學習。只有不斷學習以高標準要求自己的應聘者才會更能勝任未來的工作崗位。

問題三：為了提升你的工作效率，近來你都做了什麼？

如果應聘者回答「休閒一下」「旅遊一趟」也無可厚非，但本題要考察應聘者是否會運用寶貴的求職時間為將來的工作做一些準備。

10.計劃能力評價

問題一：如果我被錄用，未來的一個月你將如何開展工作？

當一個人進入陌生的環境時，往往會產生一種無所適從的感覺。本題考察應聘者是否能合理安排未來的工作，並順利進入工作角色？從應聘者對自己入職前期的工作安排中判斷，其是否具備良好的計劃能力。

問題二：舉例說明你曾對一項計劃的成功實施起到了重要作用。

根據應聘者的回答考察兩個關鍵點：一是該項計劃最終得到成功或順利實施；二是應聘者在計劃制定或執行過程中發揮比較重要的作用。尤其是根據計劃執行中出現的不可預測因素不斷調整原計劃，更能說明一個人的計劃能力。

問題三：讓你接手一項活動，但原負責人並不是你，你該怎麼做？

一個進行到中途的項目與一個執行到一半的計劃一樣，都需要接手人首先對整個計劃進行一定的瞭解和熟悉，然後再對該項目的執行現狀進行瞭解，才可正式接手項目，應聘者若盲目草率就接手項目，則說明其計劃能力不足。

11.壓力能力評價

問題一：說說你緩解或消除壓力的方法。

考察應聘者是如何釋放壓力的，一般緩解壓力的方法有聽音樂、打球、散步等此題的關鍵並不是看應聘者緩解壓力有多少種方法，而是看應聘者在整個壓力緩解或消除過程中的具體經歷和收穫。

問題二：作為應屆畢業生，人際關係會對你的工作造成壓力嗎？

由於所處的環境發生了很多變化，人際關係不呵避免地會對應屆畢業生造成一定的心理壓力。本題的關鍵是看應聘者是否能夠以主動積極的態度來面對這種壓力，而不是採取逃避的方法。

問題三：很抱歉，我們不能錄用你。

作為面試人員，一般不會直接拒絕錄用應聘者，本題其實是一道壓力面試題面試人員通過表明斷然拒絕的態度來觀察應聘者的具體反應，應聘者能夠從容應對的，說明其具有一定的抗壓能力。

12.解決問題能力評價

問題一：舉例說明你一般情況下是如何幫助公司解決問題的。

本題考察的重點不是最後解決問題的結果，而是考察應聘者在解決問題中的思考過程，看應聘者在整個問題解決過程中思路是否清晰，方法是否得當，並且在問題解決過程中充當了什麼樣的角色。

問題二：你的專業技巧和其他技巧結合起來如何能提高工作效率？

考察應聘者是甭能將自己的專業知識和所掌握的各種技能很好地與應聘職位相掛鈎，同時要求應聘者舉例說明。

問題三：一般情況下，你會從那裏入手解決問題？

本題除了考察應聘者解決問題的成果外，還要考查應聘者解決問題時所進行的邏輯推理過程。

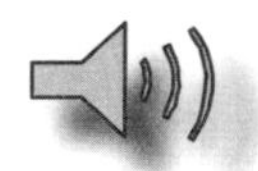

第三節　主考官面試注意事項

1. 面試準備

⑴熟悉工作說明書

查閱擬招聘崗位的工作說明書，明確招聘工作的性質和職責以及崗位任職資格條件等，以保證面試提問的問題有的放矢。

⑵認真閱讀應試者相關的個人資料

審查求職者的個人相關資料(如個人簡歷、求職申請表)，註明比較模糊或者求職者突出的地方，目的有二：一是考官據此可以對應試者有個初步的判斷和瞭解；二是考官找出應試者簡歷上與工作有關的問題，可以在面試中與應試者做進一步的溝通。

2. 面試前的準備

告知應試者面試的流程及時間。

表 6-3-1　非語言信息所傳遞的信息

肢體語言	含　　義
目光接觸	自信、真誠
目光游離、躲閃	不自信、緊張、說謊
搖　　頭	迷惑、不相信
踮　　腳	緊張或者自負
坐姿筆直又不拘謹	自信、果斷
雙臂交叉	防衛、進攻

3. 面試禮儀

面試考官應注意個人儀容儀表的規範，尊重每一位應試者。

4. 面試中應避免的偏失

由於面試帶有很大的主觀色彩，因此在實施過程中，會有一些人為的因素影響對面試結果的評估，主要表現在以下方面。

(1)仔細聆聽

在應試者回答考官所提出的問題時，考官應善於傾聽並從中捕捉有用的信息。在此過程中，考官應做好以下五點工作。

a. 留心應試者說話。

b. 善於發揮目光、點頭的作用。在應試者回答考官提出的問題時，考官應給予善意的目光並伴以適當的點頭，讓應試者更好地發揮其水準。

c. 善於調節應試者的情緒。面試考官若發現應試者處於緊張狀態，可以變換提問的方式，如「據說您很擅長於……您能詳細談談嗎？」「據說您很成功地完成過……事情，您能說說具體內容嗎？」另外還可以採取鼓勵、讚揚的方式來激發應試者的潛力。

d. 選擇合適的時間對有疑問的地方發問。

e. 做適當的筆記。

考官同時應避免以下不好的行為。

a. 隨意打斷應試者的談話。

b. 帶著主觀情緒。

c. 注意力不集中。

(2)暈輪效應

暈輪效應是指當認知者對一個人的某種特徵形成好或壞的印象後，他還傾向於據此推論該人其他方面的特徵。在面試過程中，面試考官應從多方面考察應試者，而不能根據應試者的某一優點或缺點對其做出整體的判斷。

⑶首因效應

首因效應又稱第一印象。在面試之初考官就可能會對應試者有一個比較固定的印象(可能是好的，也可能是不好的)，並且可能根據這個固定的印象對應試者在整個面試過程中的表現給予包容或是做出不好的評價。

⑷個人偏好

在面試過程中，考官可能會對某一現象或者行為感興趣，例如，傾向於畢業於重點大學的應試者，或者是對自己的校友比較偏愛等，這些都是應該避免的。

⑸以點概面、以偏概全

考官根據應試者的某一點或是某一個行為做出評價，而不是根據應試者的整體表現做出評價。

⑹經驗主義

考官根據自己的經驗對應試者做出評價，卻忽略了應試者在面試中的具體表現。

第四節　怎樣提高面試效果

很多時候，即使有了好的面試方法，設計出了完善的面試步驟，但是還是不能收到滿意的面試效果。那麼，企業應該採取什麼樣的措施來增強面試效果呢？

在很多企業中，為了招聘到滿意的人才，人力資源工作者都想盡辦法去提高面試的效果。提高面試效果的方法多種多樣，但是，最重要的一點就是要找出問題的所在，採取針對性的改進方法，歸結起來，有以下幾點：

1. 誘導求職者多發言

誘導求職者多發言，其實就是要求主持面試者具備一定的溝通技巧。

通過有效合理的誘導，讓求職者吐露更多的心聲和重要的工作資訊，只有做到對應聘者深入瞭解，才能更準確地判斷求職者是否符合崗位需求或者是否具備成為專業人才的潛力。

2. 面試緊繞主題

在面試工作的實際操作中，很多招聘工作者喜歡根據自己的喜好來進行提問，甚至不假思索地做出一些結論，這些做法都會影響面試的最終效果。實際上，這些做法已經偏離了面試的本來目標。遇到這種情況，招聘工作者就需要主動找一些關鍵性的話題將面試的主題引向正軌，否則必定會影響整個面試過程的既定規劃。

3. 避免主觀臆斷

很多時候，應聘者的第一印象常常成為左右面試結果的關鍵因素。雖然並不完全否認第一印象的作用，但是一味依賴第一印象對應聘者做判斷是有失公允的。因此，如果負責面試的工作人員是比較容易產生主觀臆斷的人，那麼最好由兩位以上的工作人員共同進行面試。

4. 避免重覆提問

重覆提問是在面試的過程中常常出現的問題。對同一個問題的重覆提問常常會打亂應聘者的思路，最重要的是還會大量浪費面試的有效時間。因此，為了避免重覆提問的發生，招聘工作人員就要明確自己在面試過程中的身份和職責，不該問的不問，不該做的不做。同時，還要盡可能避免工作人員之間由於意見不統一而引起的爭論。

5. 改進面試方法

對於提高面試效果而言，改進相應的面試方法是十分必要的。要想設計有效的面試方法，先要對招聘人員進行相應的培訓，提高他們的專業素質和相應的組織管理水準；其次就是要盡可能將面試過程中的非結構化因素轉變為結構化因素，並對面試的最終結果進行定性和定量的分析，逐步實行規範化操作；還要在面試的過程大量引入一些其他的測評手段，如角色扮演、管理遊戲、圖形投射、公開演講等來提高面試的效果。

6. 保持前後一致性

由於面試是一項比較集中而煩瑣的工作，長時間地進行面試工作之後，招聘工作人員在精神上難免會產生懈怠，到了後來，便沒有精力和興趣再去關心應聘者了。鑑於此，招聘工作人員可以採用「集中面試」的方法，讓多位應聘者共同參加一種面試形式，這樣可以大大提高面試的效率。此外，工作人員還可以在面試中間安排適當的休息時間，以便得到充分的休息，保持精力。

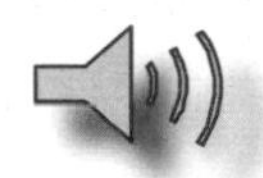

第五節　面試方法編制

一、面試的方法

面試根據不同的劃分標準，可以分為以下幾種操作方法。

1. 根據面試考官人數的多少劃分

根據面試人員的數量，對面試進行區分，具體有以下三種：

⑴單獨面試

單獨面試是企業最常見的面試形式，即指只是有一位主考面試人員與應聘者進行面對面的面試活動。單獨面試適用于應聘人員較多、時間不集中、對崗位需求有嚴格要求，或者主管人員比較繁忙的情況。

單獨面試應用靈活，如果有初試和複試的面試要求，那麼單獨面試可以在初試也可以在複試，但是切記初試和複試的面試人員不能為同一人，以免給應聘者留下不正規的印象。

⑵綜合面試

綜合面試適用于招聘人員集中或者較少的時候進行。由人力資源部門和用人部門共同主持，通常人力資源部門負責瞭解應聘者的背景和非智力素質，用人部門負責瞭解應聘者的專業知識和崗位技能。

⑶合議制面試

在企業面臨工作崗位需求緊急的時候，通常會採用合議制面試。

合議制面試是由人力資源部門負責人、用人部門負責人、用人部門專業人員及公司決策人員共同參與，為了在最少的時間內做出用人決策，一般情況下初試與複試一次進行。合議制面試往往會花很長的時間對應聘者提出較多的問題，進行考察，然後會迅速地做出用人決策。

「萬事開頭難」。管理者或者面試人員在組織招聘活動時，切記不要因為怕麻煩就刻意忽略一些細節工作，應該著眼于長遠，扎扎實實地做好準備工作。主要的準備工作如下：

姢要擬訂一個工作所需技能的說明書，或者制定有明示崗位需求作用的工作簡報；

姢要對應聘者的面試期許進行分析瞭解，通過滿足其合理的面試需求，獲得更好的面試結果；

姢要準確掌握面試的三種形式，並且做到「對症下藥」，能夠靈活應用，不生搬硬套。

2. 根據面試結構化程度劃分

根據面試結構化程度劃分，面試可分為以下三種。

⑴結構化面試

結構化面試是指面試前就面試所涉及的內容、試題評分標準、評分方法、分數使用等一系列問題進行系統的結構化涉及的面試方式。

⑵非結構化面試

非結構化面試是指面試流程都沒有事先確定，面試考官可以隨意地對應試者展開提問(所提的問題必須與工作相關)。

⑶混合式面試

混合式面試是以上兩種方式的綜合運用。

3. 根據壓力的大小劃分

根據壓力的大小不同，面試可以分為如下兩種方式。

⑴行為描述式面試法

此方法是通過在應試者過去的資料中發現的完整行為事例來推

測其工作表現(能力)的一種方法。它主要圍繞應試者某一行為的情境、工作任務、工作結果和個人能力展開。一個完整的行為事件應包含以下四個因素，簡稱「STAR」。

①情景(Situation)：行為事件發生所處的環境/背景。

②任務(Task)：在一定情境下所需達到的目標。

③行動(Action)：為達到該目標需採取的行動。

④結果(Result)：該事件所產生的結果/效果。

表 6-5-1　行為描述式面試法提問示例

測試內容	提出的問題	引導性提問
技術水準	請描述一下您過去曾成功地解決所在企業比較棘手的技術問題的情況	如果在以後的工作中您遇到了從未遇到過的一些難題，而又必須在短時間內解決，您將怎麼做
團隊領導能力	請描述一個您曾成功地領導一個團隊完成某個項目的情況	1. 您認為一個高效團隊的構成要素有那些 2. 您如何應對難以管理的員工
銷售能力	請描述一個您曾為公司簽訂過一大筆訂單的情況	我們公司的銷售任務可能會比較有挑戰性，您將如何在有壓力的情況下完成任務
適應能力	請描述一個您必須按照不斷變化的要求進行調整的事例	對頻頻跳槽的員工，您是如何看待的

此方法在具體的運用過程中，面試考官會要求應試者就某個具體行為事件按照上述四要素展開，描述事件所處的環境，應試者當時是如何進行的，需要達到什麼樣的目標，最後的結果又如何。面試考官根據應試者對以上內容的回答可以瞭解應試者的分析判斷能力、解決問題的能力、計劃組織能力等多方面的信息。

⑵壓力面試

壓力面試，是指考官故意製造緊張的氣氛，以瞭解應試者在有外界壓力的環境下的反應。考官會問一些比較讓應試者難堪的問題或者針對應試者不願回答的某一問題做一連串的發問，直到應試者無法回答。這個方法主要用於考察應試者的靈活應變能力、情緒控制能力及心理素質等。

1. 假如您正在銷售一種產品時，有一位顧客抱怨該產品的品質及售後服務都很糟糕，您會怎樣處理？

2. 與其他應試者相比，您的表現不是太好，您覺得自己在這個環節中的那些地方存在明顯的不足？

3. 如果最後的結果是您沒有被我們錄用，您有何感想？

不同面試方法有各自的特點，其對面試的效果也有著很大的影響，具體內容如表 6-5-2 所示。

表 6-5-2　不同面試方法比較表

面試方法	特點	適用範圍
結構化面試	結構化、流程化	教育背景、工作經驗等客觀性因素的考察
非結構化面試	大致確定面試的內容，隨意性較強	個人能力、綜合素質等主觀性因素的考察
混合式面試	以上兩種方法的綜合應用	適用範圍較廣
行為式面試	對與過去工作內容和績效有關的行為事件的描述	適用範圍較廣
壓力面試	1. 面試考官故意施壓/製造壓力 2. 可能會問一些不禮貌甚至很具冒犯性的問題	對心理素質要求較高的工作崗位

二、面試試題的設計

面試可以從多方面考察應試者的能力，如邏輯思維能力、領導能力、分析決策能力、團隊合作能力、人際溝通能力、靈活應變能力等。不同的崗位對能力的要求是不同的，但大體上可以從如下方面對應試者展開提問。

1. 專業知識水準

⑴如果測試對像是應屆畢業生

①所接受的培訓有那些？

②所掌握的專業技能？

③舉一個理論與實際相結合的應用事例。

④專業領域所涉及的問題。

⑵已有一定工作經驗的人員

①業餘進修的課程。

②對專業領域的案例進行分析。

2. 工作經驗

⑴在過去的工作中主要有那些成就？

⑵在過去所從事的工作中主要的工作職責是什麼？

⑶您覺得勝任這份工作需要具備那些基本素質？

⑷工作中遇到××困難時，如何處理？

⑸工作中遇到的最大挑戰是什麼？

⑹如果您今天成功地應聘上了這個職位，企業將對您進行培訓，您覺得自己需要得到那些方面的培訓？

3. 求職動機與願望

⑴在工作中最看重什麼，例如晉升發展的機會、待遇、工作環境、企業名氣還是其他？

⑵為什麼希望來我們公司工作？

⑶自己的短期與長期規劃。

⑷工作中最不能容忍的事情是什麼？

⑸最希望從事的工作？

4. 計劃組織能力

⑴為這次面試做了那些準備？

⑵請描述您以往的工作中最忙碌的一天。

⑶如果您現在成功地應聘上了部門經理這個職位，現需要制定一個部門季計劃，請問您將如何制定？

⑷您最近五年的職業規劃是什麼？您計劃如何去實現它？

⑸如果您是一個團隊的領導人，現正忙於完成一個新任務，可您發現，無論是所需的資源還是人力，都與其他部門發生衝突，請問您如何處理？

5. 領導能力

⑴請描述一個成功地說服別人支持並參與您的工作，最終達到您所期望的結果的事例。

⑵您如何給主管這一角色定位？

⑶您認為管理人員需具備那些基本素質？

⑷當下屬不服從管理時，您會怎麼解決？

⑸作為公司高層主管，您如何讓下屬尊敬並信任您的？

6. 分析決策能力

⑴在以往的工作/學習生活中做出的最重大、最有意義的決定是

什麼？為何做出那樣的決定？

⑵在做出較大的決定時一般會考慮那些因素？舉個例子加以說明。

⑶如果您需要一名助手，您希望他具備什麼樣的條件？

⑷公司決定投資一個重大的項目，而據您所掌握的信息，只有60%的成功概率，您會做出什麼決定？

⑸對於衡量一個主管是否優秀，您的判斷標準是什麼？

7. 人際溝通能力

⑴您覺得良好的溝通需具備那些條件？

⑵您的同事對您是怎樣評價的？

⑶在學習和工作過程中遇到的最難相處的人是怎樣的？您又是如何和他(她)相處的？

⑷假如現在您所負責的部門中有兩個優秀的員工之間存在激烈的摩擦，由於二人之間關係的不協調，已經嚴重影響到部門的業績，請問您將如何改變這一現狀？

⑸在工作中您是如何處理與主管的關係的？

8. 團隊合作能力

⑴您所希望的合作夥伴應具有那些特點？

⑵您不喜歡那一類型的合作夥伴？

⑶您認為一個高效的團隊需具備那些條件？

⑷請舉一個您曾經領導一個團隊完成某項任務的事例，包括當時的客觀條件、工作是如何進行的以及最後完成的結果。

⑸請描述一個在團隊活動中您曾提出的正確的建議/意見沒有被採納的事例，其間您有沒有爭取過？

9. 工作主動性

⑴在工作中除了做好自己的本職工作外，是否還會做一些分外的事情，如果是，為何要這樣做？

⑵在工作過程中，除了工作技能的提升，您還學到了那些額外的知識/技能？

⑶請描述一個自己獨闢蹊徑為公司成功地解決某一難題的事例。

⑷業餘時間有無參加與提升工作技能有關的進修課程。

⑸在接觸一個新領域時，您會通過什麼樣的管道儘快獲得新知識？

10. 情緒控制能力

⑴如果當眾在您的下屬面前批評您，您會是什麼反應？

⑵接到公司一個大客戶的投訴，且您已經跟他就他不滿的問題解釋過很多遍了，可他還是不滿意，您將如何處理？

⑶您的一位下屬不服從您工作的派遣，您會如何處理？

⑷在面試環節中，您所展示出來的某些性格與我們招聘的職位有一定的差距，換句話說，即我們錄用您的可能性不大，您有什麼想法？

⑸這麼長時間您怎麼一直沒有找到合適的工作呢？

11. 靈活應變能力

⑴如果我們公司的競爭對手也決定錄用您，您將做出何種抉擇？

⑵當您接到一個重要客戶的電話，說要與總經理商談要事，而此時您聯繫不到他，您將如何給客戶答覆？

⑶請描述一個較為典型的事例：在工作或者學習過程中遇到了兩難選擇，您最後是如何解決的？

12. 責任感

⑴當您得到一個重要的信息事關公司利益，而這件事情一旦告訴

總經理，則您的好友將會受到牽連，您會怎麼做？

⑵如果您生病了且比較嚴重，而此時公司業務很忙，您又是公司的骨幹之一，您會怎麼做？

13.個人興趣、愛好

⑴業餘時間是如何安排的？

⑵有什麼愛好？

三、第一輪面試的案例

第一輪面試由人力資源部人員擔任面試官，面試時間為 20 分鐘/人，主要考察求職者的個人資歷、個人特質、個人價值觀和綜合能力。此次面試最終篩選出 10 人進入第二輪面試。

第一輪面試流程和考察內容

一、面試人數：1人 二、面試官：人力資源部人員 三、面試過程 問題1.自我介紹：每人兩分鐘介紹時間，請控制時間；面試官可以根據介紹內容提問。 自我介紹須包括內容：姓名、籍貫、學習經歷、工作經歷、個性、愛好。 考察要點： 個人資歷(工作經驗、教育背景) 問題2.個人價值觀 1：你在工作中最喜歡/最討厭的同事是什麼類型的人？你認為自己最適合什麼樣的企業文化？ 2：你辛辛苦苦加班一整晚趕出一份財務報表，但是第二天交給上司時他認為這份報表一文不值，對於上司只看結果不看過程的做法你怎麼看？你如何看待結

果與過程的關係？
考察要點：
個人價值觀(團隊合作性、結果導向)
問題3. 個人性格及素質考察
你性格上有什麼弱點？在事業上它給你帶來的劣勢是什麼？
考察要點：
個人特質，得分區別如下：
10—性格弱點與會計人員性格要求不相悖，能正視自身弱點，並強調個人如何克服自身劣勢。
8—性格弱點與會計人員性格要求不相悖，能正視自身弱點，但是沒有對自身弱點做出改進。
5—性格弱點與會計人員性格要求相悖，能正視自身弱點，並強調個人如何克服自身劣勢。
3—性格弱點與會計人員性格要求相悖，能正視自身弱點，但是沒有對自身弱點做出改進。
0—不能正視自身弱點，認為自己完美無缺。
備註：
會計人員性格要求：細心、踏實、穩重、責任心強，忌馬虎、毛躁、性子急。
問題4. 職業道德：
1：你認為一個合格的會計人員所需具備的職業操守或者職業道德是什麼？
2：我們知道實際工作中很多企業的會計人員都在做假賬，能談談你們公司是如何做假賬的嗎？
(舉例說明)
考察要點：
職業道德素養、誠信務實
第一個問題的優秀回答是：遵守會計職業道德，不洩露公司機密，遵紀守法。
第二個問題是給面試者設置的陷阱，優秀回答是：對不起，這是公司機密，請原諒我不能告訴您。若面試者大談如何做假賬，則表明此人職業道德感不強。

問題5. 工作態度和工作配合度

情境問題：假如你上崗後，交代你和一位同事共同完成本單位的財務迎檢工作，你會怎麼做？

考察要點：

⑴團隊合作與協調能力

10—能與同事積極有效地進行溝通和展開合作，對任務進行分析。能夠尊重別人，善於發掘他人的優勢和潛力，善於傾聽他人意見，善於把眾人的意見引向一致。

8—能與同事溝通和展開合作，考慮問題比較細緻週到。較能夠尊重別人，傾聽他人意見，並且有一定引導形成一致意見的能力。

5—能與同事展開合作，考慮問題片面不週到，基本能夠尊重別人，基本能夠讓他人表達意見，有做出協助他人形成一致意見的努力。

3—沒有體現出與同事的有效合作，不夠尊重別人，對別人的意見有一定的排斥，較為固執，自己的看法難以融入眾人的意見。

0—個人獨斷專行，不尊重別人，有很強的攻擊性。

⑵計劃能力

10—有良好的計劃習慣，有很強的時間管理能力，有協調資源運用的技巧，計劃安排週全。

8—有較為週全的計劃，有較為細緻的時間安排，能夠考慮多方面資源，有較強的協調意識。

5—有基本簡單的計劃安排，有基本的協調意識。

3—計劃安排有漏洞，協調資源與能力不足。

0—沒有成型的計劃安排，或者誇誇其談不切要害。

問題6. 職業穩定性和忠誠度

1：你為什麼要離職？

2：你選擇本公司的原因是什麼？

3：你未來的職業生涯規劃是怎樣的？

考察要點：

⑴職業穩定性，詳細詢問離職原因

可能的回答：

A.別的同事認為我是老闆前的紅人，所以處處排擠我。

B.調薪的結果令我十分失望，完全與我的付出不成正比。

C.老闆不願授權，工作處處受限，束手束腳，很難做事。

D.公司營運狀況不佳，大家人心惶惶。

比較得體的回答是C或者D。選擇C，表明應聘者有進取心、能力強，且希望被賦予更多的職責。選擇D，則表明離職原因為個人無法改變的客觀外在因素，因此，面談者也就不會談及個人的能力或工作表現，可存疑。

⑵求職動機

⑶職業忠誠度

表 6-5-3　第一輪面試評估表

候選人		應聘職位		應聘部門			權重	面試官打分
任職資格評估(最高分合計 30 分)							20%	
形象氣質	標準及分值	佳	較好	一般	較差	糟糕		
		10 分	8 分	5 分	3 分	0 分		
教育背景	標準及分值	碩士及以上	大學本科	專升本	大專	中專及以下		
		10 分	8 分	5 分	3 分	0 分		
工作經驗	標準及分值	8年以上	5年以上	3年以上	1年左右	沒有經驗		
		10 分	8 分	5 分	3 分	0 分		
價值觀評估(最高分合計 30 分)							20%	
求實態度	標準及分值	十分求實	比較求實	一般	不夠求實	不求實		
		10分	8分	5分	3分	0分		
業績導向	標準及分值	強	較強	一般	較弱	忽視結果		
		10分	8分	5分	3分	0分		
學習創新	標準及分值	好學上進	較主動學習	不夠主動	被動學習	較排斥學習		
		10分	8分	5分	3分	0分		
個人特質和動機評估(最高分合計40分)							30%	
穩定性	標準及分值	強	較強	一般	較弱	弱		
		10分	8分	5分	3分	0分		
細心程度	標準及分值	強	較強	一般	較弱	弱		
		10分	8分	5分	3分	0分		

續表

責任心	標準及分值	強	較強	一般	較弱	弱		
		10分	8分	5分	3分	0分		
求職動機	標準及分值	強	較強	一般	較弱	弱		
		10分	8分	5分	3分	0分		
工作技能和綜合能力（最高分合計30分）							30%	
邏輯思維能力	標準及分值	強	較強	一般	較弱	弱		
		10分	8分	5分	3分	0分		
計劃能力	標準及分值	善於計劃	較能計劃	一般	較不善於計劃	不做計劃		
		10分	8分	5分	3分	0分		
溝通能力	標準及分值	演講口才極佳	表達清晰	表達一般	偶爾表達混亂	詞不達意		
		10分	8分	5分	3分	0分		
面試官綜合評語	綜合表現以及是否推薦進人第二輪面試							

說明：成績為前 15 名者進人第二輪面試。

四、第二輪面試的案例

第二輪面試的主考官是財務部負責人，由人力資源部人員協同，面試時間為 15～20 分鐘/人，考察重點是求職者的專業知識和技能。

第二輪面試流程和考察內容

第二輪面試流程
一、參與人：第一輪面試合格者
二、面試官：人力資源部人員、財務部負責人
三、面試過程

問題1. 專業知識和技能
這次我公司招聘會計，在這方面你有什麼專業知識和技能？
考察要點：
專業知識(求職者所具備的專業知識、專業技術等)
問題2. 工作相關性考察
(1)就簡歷中工作經歷進行提問。
(2)你如何看待以前的工作？以前的工作經歷對於你這次求職有何作用？
考察要點：
工作相關性、測謊(誠信)
問題3. 請描述一下你的××工作的一天是如何安排的/請說說你的工作時間的具體分佈。
考察要點：
計劃能力，得分區別如下：
10－有良好的計劃習慣，有很強的時間管理能力，有協調資源運用的技巧，計劃安排週全。
8－有較為週全的計劃，有較為細緻的時間安排，能夠考慮多方面資源，有較強的協調意識。
5－有基本簡單的計劃安排，有基本的協調意識。
3－計劃安排有漏洞，協調資源能力不足。
0－沒有成型的計劃安排，或者誇誇其談不切要害。
問題 4. 財務部負責人就專業素養進行其他提問

表 6-5-4　第二輪面試評估表

候選人		應聘職位		應聘部門			權重	面試官打分
必備知識(最高分合計 30 分)								
專業知識	標準及分值	佳	較好	一般	較差	糟糕		
		10 分	8 分	5 分	3 分	0 分		
企業知識	標準及分值	碩士及以上	全日制本科	專升本	大專	中專及以下	20%	
		10 分	8 分	5 分	3 分	0 分		
相關法律法規知識	標準及分值	8年以上	5年以上	3年以上	1年左右	沒有經驗		
		10 分	8 分	5 分	3 分	0 分		
工作技能(最高分合計 30 分)								
誠信	標準及分值	十分求實	比較求實	一般	不夠求實	不求實		
		10分	8分	5分	3分	0分		
業績導向	標準及分值	強	較強	一般	較弱	忽視結果	20%	
		10分	8分	5分	3分	0分		
學習創新	標準及分值	好學上進	較主動學習	不夠主動	被動學習	較排斥學習		
		10分	8分	5分	3分	0分		
個人特質和動機評估(最高分合計40分)								
穩定性	標準及分值	強	較強	一般	較弱	弱		
		10分	8分	5分	3分	0分	30%	
細心程度	標準及分值	強	較強	一般	較弱	弱		
		10分	8分	5分	3分	0分		

續表

責任心	標準及	強	較強	一般	較弱	弱		
	分值	10分	8分	5分	3分	0分		
求職	標準及	強	較強	一般	較弱	弱		
動機	分值	10分	8分	5分	3分	0分		
工作技能和綜合能力(最高分合計40分)							30%	
問題解	標準及	強	較強	一般	較弱	弱		
決能力	分值	10分	8分	5分	3分	0分		
電腦	標準及	強	較強	一般	較弱	弱		
技能	分值	10分	8分	5分	3分	0分		
軟體運	標準及	強	較強	一般	較弱	弱		
用技能	分值	10分	8分	5分	3分	0分		
計劃	標準及	強	較強	一般	較弱	弱		
能力	分值	10分	8分	5分	3分	0分		
面試官綜合評語	綜合表現以及是否推薦進入終極面試							

第六節　面試常見20類經典問題

1. 自我介紹

[主考官測評要點]語言表達能力、邏輯性

2. 工作的目的和動機

(1)為什麼來應聘這份工作？

(2)如果我們公司的競爭對手也決定聘用您，且給您提供優越的條件，您會怎麼做？

[主考官測評要點]工作興趣與求職動機

3. 職業偏好

⑴喜歡的職業。

⑵針對應屆畢業生：喜歡的學科。

[主考官測評要點] 工作興趣

4. 工作勝任力

⑴自己的優勢/擅長的技能。

⑵勝任此工作所需具備的素質。

[主考官測評要點] 工作技能、工作經驗

5. 計劃和時間管理

⑴您是如何準備這次面試的。

⑵描述一個典型的工作日安排。

⑶在工作中是如何安排事情的輕重緩急的，請舉例說明。

[主考官測評要點] 計劃組織能力

6. 學習力

⑴如果公司展開培訓，您希望得到那些方面的培訓或提升？

⑵平常閱讀的書籍。

[主考官測評要點] 工作進取心

7. 溝通與人際關係能力

⑴朋友、同事對您的評價。

⑵與同事之間的關係如何？

⑶當您與別人的意見不一致時，通常是如何處理的？

[主考官測評要點] 人際溝通能力

8. 綜合管理能力洞悉

您覺得合格的管理者應具備那些素質和能力？

[主考官測評要點] 管理能力

9. 個人決策能力

當您嘗試做一件全新的事情時，一般成功的概率有多大？

[主考官測評要點] 決策能力

10. 問題解決

在工作中常遇到的矛盾和衝突是什麼？您又是如何處理的？

[主考官測評要點] 衝突處理能力

11. 鼓勵創新

您是如何鼓勵員工發揮自己的創造性的？

[主考官測評要點] 創新與革新能力

12. 緩解壓力

在壓力狀態下，你的工作表現如何？請舉個例子說明。

[主考官測評要點] 抗壓能力

13. 判斷能力

當您明知這樣做不對，您還會按照主管的意思去做嗎？

[主考官測評要點] 工作獨立性和個人判斷能力

14. 激勵他人

您通常是如何有效激勵下屬的？

[主考官測評要點] 激勵能力

15. 工作方法和態度

當發現有同事違反工作紀律時，您會如何處理？

[主考官測評要點] 工作紀律、工作態度

16. 工作觀

⑴在學習和工作中遇到的最失敗的一件事情是什麼？

⑵從工作中希望得到什麼回報？

[主考官測評要點] 成熟度、價值觀取向

17. 應變能力

如果你做了一件好事，卻遭到別人的誤解，您會怎麼處理？

[主考官測評要點] 靈活應變能力

18. 自我控制能力

主管和同事批評您，您如何對待？

[主考官測評要點] 情緒控制能力

19. 簡要評價自己的優點與缺點

(1) 請說出您的三大優點。

(2) 請分析您的三大缺點。

[主考官測評要點] 自我認知能力、語言表達能力

20. 業餘愛好

說說平時您都喜歡一些什麼活動？有那些個人愛好？

[主考官測評要點] 個性特徵

通知員工錄用

第一節　背景調查的意義

背景調查是指用人單位透過各種正常的、符合法律法規的途徑，搜索相關信息來核實求職者提供的個人資料真偽。這是用人單位精選人才、保證招聘品質、降低用工風險的有效方法。

背景調查不僅能夠使公司的招聘風險大大降低，而且能夠有效地預防欺詐，降低招聘成本。特別是一些中小企業，公司人員相對較少，如果在招聘方面失策，可能對整個公司的發展甚至生存都是毀滅性的打擊。

透過背景調查，企業可以證實求職者的真實身份、教育背景、職業生涯狀況、原薪資額度、離職原因、家庭情況、有無犯罪記錄以及確認企業根據面試等方式形成的關於求職者能力、性格、品質等的評價。

一、員工背景調查的重要意義

1. 發現與工作有關而求職者可能隱瞞的背景信息

在求職過程中，求職者可能篡改個人的就業經歷和教育背景，略去一些他認為會影響其就業機會的不良背景信息，如職業道德、團隊精神、心理衛生、行為操守等方面的負面信息，而這些東西很有可能就是一種潛在的威脅，不知道那一天就會對企業的資金安全、科技成果安全或者團隊工作效率帶來極為不利的影響，甚至造成難以挽回的損失。

2. 核實求職者所提供資料的真偽

受趨利避害思想的影響，求職者為了增加其被錄用的機會，提交給企業的信息往往是不準確的，而實施背景調查就可以彌補這方面的不足。作為一種比較成熟的招聘技術，尤其是當今獲取信息管道豐富多樣化的時代，透過背景調查來核實求職者提供材料的真偽性，可以將不合格的求職者識別出來，提前淘汰，防患於未然。

3. 判斷應聘者在本企業未來可能取得的工作業績

求職者的申請表和簡歷是其自己表述的經歷和業績，這對企業招聘行為本身來說只能起到參考作用。企業要深入瞭解求職者真實的工作能力，進行背景調查是一種非常有效的方法。企業透過背景調查，可以獲得第三方對求職者業績優良與否的看法，據此推測求職者將來在工作中的表現及其未來工作的成就。

二、員工背景調查的適用範圍

對企業而言，並不是對全體員工都要做細緻的背景調查。企業需要考慮自身財力和人力安排，資金充裕的大公司完全可以全員進行背景調查。在企業中，對不同崗位所進行的背景調查的範圍和深度也是不同的。

企業人力資源部可以根據崗位重要性將員工劃分成幾個類別，以此決定對不同員工進行調查的範圍和深度：最基層的員工可以僅僅做身份證識別和犯罪記錄核實，例如一線的操作工人、保安、保潔人員等；初級專業職位，例如文員、助理一類，需要加上教育背景和工作經歷的核實，教育背景僅核實最高學位，工作經歷僅瞭解最近一兩段工作經歷，也只需確認工作起始時間和是否正常離職即可，不需要瞭解詳細的工作績效；高級專業職位，包括核心技術人員、高層管理者，則需要全面徹底的調查，包括各種專業資格證書的核實、海外經歷核實、是否陷入各種法律糾紛、是否在媒體中有負面報導、在前任僱主那裏的詳細工作表現和真實的離職原因，另外，還要進行更長時間範圍內的工作經歷核實，一般最長可以追溯到候選人 10 年以內的工作經歷，教育背景也可以核實從本科開始所取得的所有學位。

另一方面企業要考慮自身所處的行業性質。對於一些特殊性質的職位，例如法律、財務相關工作，無論職位高低，都需要進行最全面嚴謹的調查。

中小企業在進行員工背景調查時，要根據情況進行區別處理，一般情況下，只需針對企業核心「命門」崗位做細緻調查即可，主要有：

⑴涉及資金管理的崗位，如會計、出納、投資等崗位，出於資金

安全考慮，一般企業都會對這些崗位的擬錄用人員進行背景調查，主要是期望瞭解這些擬錄用應聘者的工作能力、是否有犯罪記錄和誠信狀況。

⑵涉及公司核心技術秘密的崗位，如研發部的工程師、技術人員等，企業的核心技術秘密涉及企業的生存問題，如可口可樂的核心配方和產品樣品等，一旦被賣給競爭對手，企業就會出現生存危機，因此，在企業招聘涉及核心技術秘密崗位的擬錄用人才時，都會非常慎重，花費一定的資金對擬錄用者進行犯罪記錄、誠信狀況等背景調查。

⑶部份中高層管理崗位，如運營總監、銷售總監、戰略管理副總經理等，這些崗位主要涉及企業的運營戰略，企業在戰略週期中的運營方向、核心客戶資源等都掌握在這些崗位人員手上。如果這部份人員產生動盪，會給整個企業的資金鏈或者運營層面帶來極大的負面效應。大多數企業都會對中高層崗位擬聘用者進行背景調查，甚至不惜花費資金請外部調查機構。

三、背景調查的內容

⑴學歷水準

⑵工作經歷

⑶檔案資料

調查檔案資料的目的主要是調查應聘者過去是否有違法、假冒或其他不良的行為記錄。

背景調查問題樣表

××企業：

您好！

我們是××公司，我們想核實一下貴企業前任員工××的情況，因為他(她)目前正在應聘我們公司的會計這一職位，希望您能配合我們的工作。

1. 他(她)在貴企業的工作時間是從什麼時間至什麼時間？
2. 他(她)在貴企業擔任何種職務？
3. 他(她)的工作表現如何？
4. 同事及領導對他(她)的評價如何？
5. 他(她)離職的原因是什麼？
6. 他(她)在工作中有無突出的表現或事蹟？
7. 如果您從整體上給他(她)打分，1～10分，10分是最高分，您會給他(她)打幾分？

非常感謝您的合作！

××公司

××年××月×日

四、員工背景調查的使用方法

員工背景調查的內容主要包括身份識別、犯罪記錄調查、教育背景調查、工作經歷調查、信用狀況調查五大類。其中，身份識別指核實候選人身份證明的真假；犯罪記錄調查，顧名思義是指求職者是否曾有過違法犯罪等不良行為發生；教育背景調查主要是指求職者提供的畢業證書及學位證書是否真實；工作經歷調查包括調查工作經歷是否真實，即何時何地所任何職、是否正常離職等信息和工作具體表現；信用狀況調查指求職者在社會上的個人信用道德意識和信用自覺性的調查。

背景調查的信息來源主要有：求職者人事檔案的管理部門；求職者原來的僱主、同事和客戶，其中求職者的原直接上司和同事是最為瞭解他工作表現的人；求職者推薦的私人性質的證明人；資信評估公司和調查公司以及公共記錄等。根據以上調查內容及信息來源，企業在對求職者進行背景調查時可以採用如下方法。

1. 發函調查

發函調查包括填寫調查問卷和證明人寫評論信兩種方式。招聘企業調查員透過郵局將問卷或者懇請對求職者給予評論的書面材料寄給證明人或推薦人，待其填答問卷或寫完評論信之後寄回企業人力資源部。調查問卷的優點是填答方便，省時省力，資料易於做統計分析，缺點是資料失去了自發性和表現力。而證明人寫評論信恰好可以彌補這個缺點，這種方式就是請求對方按照既定的問題或者自由發揮寫一封對求職者的評論信，儘管大部份回信都是正面的評論，而且主觀性強，企業仍可從中窺出求職者過往業績的真實信息。例如，若評論篇幅較長，或者評論中與求職者智力有關的褒揚比關於禮貌、團結等的誇讚用詞較多，都可能說明求職者過去的工作業績確實較佳。總體上說，發函調查法系統性強，效率較高，但最大的缺點是回覆率較低。

2. 網路調查

Internet 已經成為人們獲取信息的重要管道。對於企業招聘中的背景調查，網路同樣不可或缺。人力資源管理部門通常採用登錄 Internet 的方式查詢求職者的學歷和證書等個人網上信息。例如，核實身份證信息，人力資源管理部門可以透過權威網站查詢；驗證學歷證書，可透過學生信息網等權威網站查詢。部份高校也已將學校歷年畢業生的名單掛在校園網站上，供有需要的人員隨時進行查詢。

對於中高層職位的求職者的信息查詢，Internet 同樣非常重要，因為這類應聘人員一般都具有令人尊敬的從業經歷，或在某知名企業從事過高端職位，或曾代表企業出席某些行業會議或合約簽字會，頻繁的社會活動必然會在網路中留下某些痕跡。再則，網路調查對知識型、科技型應聘人員特別適用，這些應聘人員一般在求職簡歷上或多或少地總會有一些發表論文的索引，同樣，只要在期刊網站或者搜索引擎中輸入應聘者的姓名，就可以查證他們發表的相關文章是否屬實。

3. 訪談調查

訪談是一種可靠程度高但是成本也高的背景調查方法，而且訪談的效果受訪談者個人訪談能力技巧的影響較大。企業的人力資源管理部門應該先選擇和培訓一組訪問員，由他們攜帶著調查問卷分赴各個調查點，按照調查方案的要求對所選擇的被訪問者進行訪問，並記錄下被訪問者的回答與反應。這種方法涉及與被訪問者的正面接觸，往往能得到一些很有價值的信息，如有關對求職者品質的評論，因此它的主要優點是調查資料的品質較好，而且調查的回答率較高，缺點是時間長，費用高，對訪問員的個人素質要求較高。

4. 電話調查

人力資源管理部門需要培訓電話調查員，然後與被訪問者(包括其原單位的人力資源部工作人員、主管上司和同事)進行事先溝通，說明意圖，取得對方的理解和支持，約定好通話的日期和時間。通話成功後，調查員應根據擬定好的調查問卷內容，調查內容一般包括擬聘用者的工作經驗、工作業績、離職原因、入職和離職時間等，逐一進行詢問，同時快速記錄下被訪問者的回答。實踐中由於被訪問者聲音的語調、停頓等的變化很可能會暴露其一些真實的想法，此時調查員要特別注意，保持高度的敏銳感。

透過電話進行背景調查，簡便易行、省時價廉，是大多數企業對求職者進行背景調查的首選方法。電話調查效率雖高，但如果調查員操作不當，容易侵犯被調查者的隱私，引起被訪問企業的警覺(尤其是競爭對手)，使被調查者的工作陷於被動。不少被訪問企業由於不願員工流動或者與被調查者本身有矛盾，在電話採訪中不可避免地會對跳槽員工的工作能力和態度給予極低的評價，甚至會趁機「捅上一刀」。這樣一來，不僅被調查者可能因此失去工作的機會，招聘企業也可能因為這些不客觀的評價而失去真正的人才。

5. 委託調查機構調查

企業自身在進行員工背景調查時，往往操作起來費時費力，而且由於很多員工來自競爭企業，在實施員工背景調查時無法獲得其人力資源部的配合和支援，另外，企業的人力資源部由於調查手法單一、技術不專業，因此，無法保證調查出來的結果的真實性和有效性。所以，對於一些重要的核心崗位員工的背景調查，很多企業採取委託外部調查機構核查的方式。

調查機構利用自身的數據庫，與法院、公安機關、學校以及部份企業之間的戰略聯盟優勢，而且與被調查的企業之間不存在排異現象，能迅速調查清楚被調查者的背景信息，保證員工背景調查報告客觀、可信。

但是，委託調查公司進行員工背景調查也存在很多不足。首先，委託調查公司進行員工背景調查需要花費較高的費用，給企業帶來較大的成本壓力；其次，企業委託調查公司進行員工背景調查的擬錄用人員，均是企業的核心崗位和重要人員，而對於非核心崗位的擬錄用人員，基於成本壓力，一般不會進行委託，調查對象的適用範圍不是特別廣；員工背景調查市場尚處於初級階段，各種信用制度尚未建立，員工背景數據庫尚不健全，而且各種調查公司魚目混珠，再加上企業對員工背景調查認識不足，在國內委託調查公司進行員工背景調查可信度仍然不高。

6. 從資信評估公司購買

資信公司數據庫收錄的個人資料一般為三大類：一是個人基本資料；二是個人的銀行信用；三是個人的社會信用和特別記錄，包括涉及稅務、司法以及曾經受到公安處罰等方面的信息。科技型企業中某些工作對員工有一些特殊的要求，如對某些關鍵技術崗位上的科技人員要求其職業操守優良、無不良社會記錄，而財務工作者要求個人信用良好等。由於國情，一般企業接觸不到求職者的社會信用以及某些特別記錄，而這正是資信評估公司的強項。

第二節　背景調查的具體實施

1. 背景調查內容設計

背景調查內容應以簡明、實用為原則。內容簡明是為了控制背景調查的工作量，降低調查成本，縮短調查時間，以免延遲上崗時間，影響業務開展；再者，優秀人才往往存在多家公司互相爭奪的情況，長時間的調查會給競爭對手製造機會。內容實用指調查的項目必須與工作崗位需求高度相關，避免查非所用，用者未查。

調查的內容可以分為兩類，一是通用項目，如畢業學位的真實性、任職資格證書的有效性以及是否有犯罪記錄；二是與職位說明書要求相關的工作經驗、技能和業績，不必把所有崗位的求職者的背景調查都做得面面俱到。

2. 事先徵得求職者的同意

企業在背景調查前應當和求職者協商，讓求職者以書面形式簽署背景調查授權書，同意企業在正式錄用其之前進行背景調查。有的企業讓應徵者在個人情況登記表中填寫背景調查授權聲明書，並要求以書面的形式簽名同意企業對其進行背景調查，同時建議能夠提供 3～5 名證明人或推薦人的名單及其聯繫方式。

企業人力資源管理部門將應徵者的書面簽名資料與該應徵者的其他申請材料一起存檔。當然，即使有授權，企業在進行背景調查時，也應當採用適當的方式，以免觸犯法律及其他相關規定。

表 7-2-1　背景調查授權書

背景調查授權書

本人同意並自願接受××公司所做的背景調查，並提供相關人員電話。如若××公司發現本人在簡歷及面試過程中提供任何虛假信息，本人認可該公司有保留錄用資格及辭退的權力。

特此說明。

被調查者(簽名)：

申請職位：

年　　月　　日

註：相關人員包括直系上司、同事、人力資源經理。

3. 背景調查的實施程序

企業在進行背景調查時，一定要注意保護求職者的個人隱私。即使最終調查的結果證明該名求職者不適合本企業的職位，也沒有必要侵犯其個人隱私進而弄得不歡而散。

(1)創造良好的背景調查小環境

目前，對員工背景調查沒有完善的誠信體系支援，法律規範、制度規範以及社會輿論都不能提供強有力的支援。不健全的誠信體系使企業較難獲得求職者的真實信息。既然大環境不利於背景調查有效進行，用人單位就更應當創造良好的背景調查小環境。用人單位可以從以下方面著手：第一，建立、健全企業背景調查制度，嚴把招聘關；第二，在信息告知書或者合約等文件中明確應徵者提供真實信息的義務；第三，以書面形式明確提供虛假信息的法律後果。

⑵調查與工作有關的情況

在現實招聘過程中，企業沒有必要也不可能對求職者的各個方面甚至細枝末節都進行背景調查。一般情況下，企業應根據招聘崗位的工作性質來安排調查內容。如果求職者所應聘的崗位職責重大，背景調查的重點應放在其過往的工作經歷及業績上；如果應聘的崗位經常接觸到企業的商業秘密或重要科技成果，調查重點應放在其個人的信用記錄是否良好上；如果應聘崗位涉及財務系統，則調查重點應放在其品德、信用記錄和家庭狀況上。總之，背景調查內容一定要和工作高度相關，並且要以書面形式記錄，以證明企業將要做出的錄用或拒絕錄用決定是有依據的。

⑶選擇適當的調查方式

單[illegible]的調查方法難以獲得真實全面的求職者信息，企業應採用多樣化的調查方式、聯繫多位證明人，將被蒙蔽的可能性降到最小。在合理計量其成本的條件下，企業應選擇最少兩種以上的調查方式。

⑷選擇和培訓調查員

調查員一般由企業人力資源管理人員承擔，也可由企業負責人指定人員承擔。調查員合適人選確定後，企業要對其進行必要的業務培訓，可以實行內部培訓，也可以聘請相關專家或專業人力資源培訓機構進行培訓，透過業務培訓，使調查員熟練掌握背景調查的技術要求及其技巧和方法。

⑸核對信息

現在企業對求職者進行背景調查遇到的最大難題就在於難以獲得求職者真實的評價信息。由於目前就業形勢比較緊張，求職者的前任僱主或公司評價者往往會從正面的角度對他們以前的同事進行評價，並不太願意對其缺點進行真實的說明，因為他們擔心自己的一番話會讓別人失去工作的機會。與此同時，即使求職者的前任公司評價者很客觀，願意提供真實的看法，可有些求職者往往不願意讓原公司知道跳槽的動機，在新單位決定錄取之前不願與原公司攤牌，因此可能會想辦法弄虛作假。再者，也有一些僱主或有關人員故意誣陷求職者，對其進行惡意誹謗。如此一來，企業很難獲得客觀、公正的求職者信息。

所以，當企業將背景調查中得到的信息與求職者提交的材料進行核對時，如發現有不符的地方，一定要在負面信息被使用之前，再用其他的調查方式證實其準確無誤，並且確信這一負面信息與應聘崗位的工作密切相關。

第三節　做出初步錄用決策

在運用筆試、面試等多種測評方法對應聘者進行選拔評估後，考評者根據應聘者在甄選過程中的表現，對獲得的相關信息進行綜合評價與分析匯總，從而瞭解每一位應聘者的素質和能力特點，然後根據事先確定的人員錄用標準與錄用計劃，做出初步錄用決策。

員工錄用是招聘工作的最後一個環節，經過對應聘者筆試、面試等層層選拔，企業對應聘者有了一個大致的瞭解，從而可以做出相應的決策。

一、做出初步錄用決策

在運用筆試、面試、心理測試和情境模擬等多種測評方法對應聘者進行選拔評估後，考評者根據應聘者在甄選過程中的表現，對獲得的相關信息進行綜合評價與分析匯總，從而瞭解每一位應聘者的素質和能力特點，然後根據事先確定的人員錄用標準與錄用計劃，做出初步錄用決策。

圖 7-3-1　員工錄用流程圖

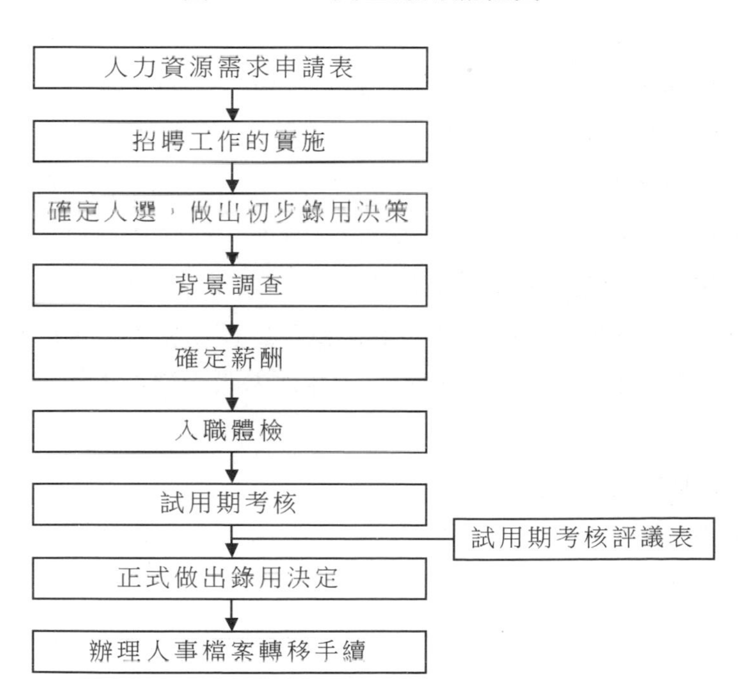

二、對應聘者的通知

通知應聘者是錄用工作中的重要組成部份，一般由人力資源管理部門完成。通知包括兩種：一種是錄用通知；另一種是辭謝通知。

1. 錄用通知

為了給企業爭取到合格的錄用者，錄用通知必須及時發出。在現今的勞力市場上，應聘者常常會同時參與多家企業的應聘考核，如果不及時發出錄用通知，可能會使企業與合適人才失之交臂，從而影響企業的發展速度。

錄用通知有信函通知和電話通知兩種形式，向被錄用者發送錄用通知時要以相同的方式通知，一般以信函通知較為穩妥。在錄用通知書中，要向被錄用者清楚說明其被聘用崗位、所屬部門、報到時間、報到地點、報到時所需準備資料及報到流程，最好透過附錄提供抵達報到地點的詳細路線和其他有關說明。

在錄用通知的措辭中，不要忘記歡迎新員工加入企業以及他的到來對企業發展的重要意義等信息。這樣做表明企業重視人才，是吸引人才的一種手段。

2. 詢問拒聘者

當然，即使企業在不斷努力吸引人才，也不乏被錄用者接到錄用通知而不前來報到情況發生。對於這些企業看中的優秀人才，這時人力資源管理部門甚至是高層主管應該主動打電話詢問，並表示積極的爭取態度。如果對方有特殊要求，企業應該進一步協商談判，必要時做出適當的讓步與妥協。但如果在招聘過程中出現很多候選人拒聘，企業就應該考慮自身原因，在與拒聘者交談時或許可以獲得一些有用信息，從而適當調整自己的招聘條件，吸納優秀人才。

表 7-3-1　××公司錄用通知書(樣本)

＿＿＿＿先生/女士：

您好！歡迎您加入我們公司××(部門)任××職位。

經與您協商，您的入職日期定於＿＿年＿＿月＿＿日。入職當日請您攜帶本函附件所列的相關文件到人力資源部報到。您所提供的相關資料應保證真實可靠，該資料公司驗證無誤後方可與您簽署合約，合約的簽署表明您與公司正式關係的確立。

您的職責與待遇如下：

1. 待遇說明：您的全額薪資為＿＿＿元整。公司在您的試用期之後將開始對您進行月薪資考核，具體考核辦法另定。公司將在您的月薪資中按規定代扣您的個人所得稅。

2. 您有義務保密您的薪資內容，不將其告知公司內第三方。

3. 聘用解除。公司試用期為二個月，試用期間，無論您還是公司都可在任何時間、以任何理由解除聘用關係，但需要提前三日通知對方。

4. 如您接受本聘書，請您與＿＿年＿＿月＿＿日之前回電子郵件確定。

我們非常高興那您能加盟××公司。入職前，若有任何問題，請隨時向人力資源部提出。(電話：××)

××公司人力資源部

××年××月××日

三、辦理人事檔案手續

員工與企業簽訂工作合約後，企業應將員工的檔案轉接到企業人事檔案管理系統中來，按照人事檔案管理制度的規定妥善地保管新進員工的檔案。

表 7-3-2 人事資料卡樣例

<table>
<tr><td>姓　　名</td><td colspan="10"></td><td colspan="10">性　　別</td><td colspan="10"></td><td colspan="10">出生日期</td><td colspan="10"></td><td colspan="10" rowspan="5">照片</td></tr>
<tr><td>入職日期</td><td colspan="10"></td><td colspan="10">籍　　貫</td><td colspan="10"></td><td colspan="10">血　　型</td><td colspan="10"></td></tr>
<tr><td>聯繫方式</td><td colspan="10"></td><td colspan="10">身份證號碼</td><td colspan="30"></td></tr>
<tr><td>戶口所在地</td><td colspan="50"></td></tr>
<tr><td>現居住地</td><td colspan="50"></td></tr>
<tr><td>通訊位址</td><td colspan="60"></td></tr>
<tr><td rowspan="3">教育經歷</td><td colspan="12">時　　間</td><td colspan="12">學校名稱</td><td colspan="12">專　　業</td><td colspan="12">學　　歷</td><td colspan="12">證明人及聯繫方式</td></tr>
<tr><td colspan="12"></td><td colspan="12"></td><td colspan="12"></td><td colspan="12"></td><td colspan="12"></td></tr>
<tr><td colspan="12"></td><td colspan="12"></td><td colspan="12"></td><td colspan="12"></td><td colspan="12"></td></tr>
<tr><td rowspan="3">工作經歷</td><td colspan="12">工作時間</td><td colspan="12">單位名稱</td><td colspan="12">擔任的職務</td><td colspan="12">主要工作職　　責</td><td colspan="12">證明人及聯繫方式</td></tr>
<tr><td colspan="12"></td><td colspan="12"></td><td colspan="12"></td><td colspan="12"></td><td colspan="12"></td></tr>
<tr><td colspan="12"></td><td colspan="12"></td><td colspan="12"></td><td colspan="12"></td><td colspan="12"></td></tr>
<tr><td rowspan="3">所接受的培　　訓</td><td colspan="15">培訓時間</td><td colspan="15">培訓機構</td><td colspan="15">培訓內容</td><td colspan="15">培訓地點</td></tr>
<tr><td colspan="15"></td><td colspan="15"></td><td colspan="15"></td><td colspan="15"></td></tr>
<tr><td colspan="15"></td><td colspan="15"></td><td colspan="15"></td><td colspan="15"></td></tr>
<tr><td rowspan="3">家庭狀況</td><td colspan="12">與本人的關係</td><td colspan="12">姓　　名</td><td colspan="12">出生日期</td><td colspan="12">工作單位</td><td colspan="12">聯繫方式</td></tr>
<tr><td colspan="12"></td><td colspan="12"></td><td colspan="12"></td><td colspan="12"></td><td colspan="12"></td></tr>
<tr><td colspan="12"></td><td colspan="12"></td><td colspan="12"></td><td colspan="12"></td><td colspan="12"></td></tr>
<tr><td>獎懲狀況記　　錄</td><td colspan="60"></td></tr>
</table>

第四節　妥善的員工入職

新員工的入職不僅僅是要進入新的工作場地或是與新的同事相處，更重要的是去適應新的工作環境，完全融入到企業中去。企業為新員工擬定好完善的入職方法，有助於提高員工士氣和工作效率。

在新員工入職的過程中，每一個細小的環節都是相當重要的。這些細節不僅影響到員工的工作效率，而且還向員工傳達了一些有關企業的信息。因此，企業要想使新員工迅速而順利的入職，就應該做好以下的一些細節：

1. 讓新員工覺得備受歡迎

當新員工進入一個完全陌生的環境中時，他們迫切需要尋找一種親切感，從而使自己快速融入到所處的環境中去。如果企業此時對新員工的到來表示出熱烈的歡迎，就會使他們感覺自己受到了重視，變得更容易相處，也會更快更好地為企業創造價值。

2. 展示新員工的重要性

大多數的新員工都希望自己在新的企業中能夠發揮重要作用，因此企業僅僅表示出他們是企業的成員是不夠的，還要讓他們看到自己在企業中所處的重要位置，這樣才能夠激發他們的工作積極性和責任心，使他們變得更加出色。

3. 培養新員工的榮譽感

培養新員工的榮譽感是增強他們的責任心的重要方法之一。一旦有了榮譽感，新員工就會以自己是企業的一分子而自豪，進而處處從企業的利益角度出發，為企業踏踏實實地工作。

一般情況下，企業會通過入職培訓來培養新員工的榮譽感。在培訓中，企業通過向他們闡述企業的使命，以及該使命在日常工作中的意義，來直接向員工表明他們是值得以企業為傲的。除此以外，企業也可以充分引用那些企業中成功的榜樣和典型故事，來引起新員工們的榮譽感。

4. 向員工展示企業

向員工展示企業是讓員工快速熟悉新環境的一個重要方法。通過企業展示，新員工可以直觀感受到企業的發展全局，並充分瞭解工作中的具體細節。這樣，當新員工走上工作崗位的時候，他們就能快速進入工作狀態。

5. 向員工提供必要的信息

新員工就像是一塊海綿，他們會不斷吸取知識，以獲得自身的成長，而這種成長對於企業來說是再好不過的了。因此，企業應當通過內部的各種手段向新員工提供盡可能多的信息，並教會他們怎樣隨時獲取這些信息，減少時間浪費和提升工作效率。

6. 按新員工的需要設計入職培訓

入職培訓是為了使新員工快速成為合格的員工，但是在設計入職培訓的時候，企業應當從新員工的角度出發，按他們的需要來進行培訓內容和方式的設計。此外，企業在進行入職培訓的時候，還要注意儘量將培訓過程變得更加趣味化、互動化，讓新員工及時進行信息回饋，進而改善培訓體系。

致新員工的一封信

您好！首先祝賀您通過了公司嚴格的初試、覆試，從眾多應聘者中脫穎而出，成為公司的一員，我們歡迎您的到來！

為了使您更快地瞭解這裏的工作和生活，請仔細閱讀以下的內容。

一、公司簡介(略)

二、到人力資源部報到

早晨 9：00 您來到人力資源部辦理報到手續，填寫員工入職登記表，提交相關證件(身份證、學歷證書)和兩張一寸照片，由此開始了您在公司的第一天。

接下來人力資源部(或培訓中心)會組織一個為期三天的系統的「新員工入職培訓」，使您對公司、部門和將要從事的工作有一個初步的瞭解，此間由人力資源部與您進行簡單的溝通並記錄。

現將公司人事行政系統員工介紹給您：人力資源總監：________，辦公室主任：________，行政專員：__________。

三、新員工試用流程須知

1. 實習期

自到公司報到日起計算為實習期，即彼此相互瞭解、雙方考核、雙向選擇的一個過程。在此期間：無薪金待遇，午餐自理，上、下班您無須打卡，只需在前臺登記便可。部門經理和您的培訓指導員將幫助您適應新的崗位，為您提供工作上的指導。

如果您未通過部門的實習期考核，人力資源部會即時通知您；另外如果您覺得不適應公司的工作，也請您禮貌地告知人力資源部，雙方不需辦理任何離職手續和財務結算，您只需本著負責的態度，按規定將您的工作與部門經理交接並由部門核准後即可離開。

2. 試用期

(1)如果您通過了實習期考核，部門會按流程將申請提交人力資源部，經人力資源部考核無問題後，由其辦理您轉試用的相關手續，並簽訂試用期聘用合約。

您的實習期將會計入試用期，同時辦公室人員會為您講解就餐、門禁卡等事宜(就餐前需要您提供肝功能化驗證明，費用自理)。在試用期間，辦公室、人力資源部會同部門共同對您的工作及綜合素質進行考核和抽查，對您的試用期表現和薪金進行綜合評定。試用期間，如果您提出離職，請提前通知部門經理和人力資源部。

(2)如果您的工作績效未達到崗位標準或出現嚴重違規現象，公司將根據情況扣除您相應的薪金，並予以解聘。如果您被解聘或離職時未滿一個月，公司只負擔除實習期以外的工資，核准工作績效後按實際完成的工作量和實際出勤天數發放薪金。試用薪金自入職的第二天算起，不滿一個月的，累計到下個月，隨公司月末發薪時一併發放。

3. 試用合約簽訂與考核

試用期兩個月，試用合約一般在入職後五個工作日左右與您簽訂。如果五個工作日內您的合約還未簽訂，您可以向部門經理或人力資源部詢問，我們會將具體原因告訴您，給您一個滿意的答覆。期間，公司會對您的工作和綜合素質兩方面進行全方位考核，您尤其要注意自身的行為規範。如果這兩項中有一項未通過，都會耽誤您提前轉正；如果您這兩方面都很優秀，您會在較短的時間內提前轉正或在當月轉正，部門經理會讓您提交工作總結，為您申請轉正的提薪。

試用期間，無論您是早簽還是晚簽合約，希望您從進入公司工作的第一天開始，就要融入到團隊中來，取消「新員工」的概念，嚴格遵守公司的規章制度，注意自身綜合素質和形象，在部門經理和指導員指導下完成績效考核工作，嚴格執行刷卡考勤制度。在此期間，您將接受人力資源部有關企業文化、禮儀、客戶服務、銷售、職業化塑造等各個方面交叉互動的培訓。

4. 保險待遇及其他事項

請仔細閱讀本公司《員工手冊》內的相關規定。

四、您將要去的部門

我們會帶您到相應部門，部門經理會對您的工作做具體安排並介紹同事與您認識。如您有辦公用品的需求，可以直接告訴部門經理或部門文員。

五、其他事項

1. 作息時間安排

(1)上午：8：30～12：00。

(2)午餐：12：00～13：00。

(3)下午：13：00～17：30。

我們希望以上這些內容能給您的工作帶來方便，使您儘快融入這個集體。在此衷心希望您不斷進取，開創自己更加美好的明天！

人力資源部辦公室

第8章 新進員工的試用階段

員工初入企業，面臨最大的問題就是如何儘快地熟悉企業陌生的環境。這關係到新員工是否可以完全接納企業、是否做好了轉變角色的準備、是否已經可以很好地融入到團隊之中等重要問題。

第一節　新進員工入職引導

應聘者經過企業的層層選拔被錄用後，企業人力資源部會通知員工辦理入職手續。

新錄用員工須向人力資源部門提供身份證、工作證明、學歷證書、職稱證書的影本，婚姻狀況證明，一寸免冠近照兩張；個人檔案和保險的相關材料。

員工初入企業，面臨最大的問題就是如何儘快地熟悉企業陌生的環境。這關係到新員工是否可以完全接納企業、是否做好了轉變角色的準備、是否已經可以很好地融入到團隊之中等重要問題。因此作為管理者，要通過人性化的管理和關懷，幫助員工適應企業的環境，引導其走向正常的工作軌道，這不僅關係著新員工自身的發展和良好職業規劃的形成，更決定著企業綜合實力的強弱。

一、新員工會面臨問題

新員工進入一個企業，由於面臨新環境和陌生的人際關係，會在剛開始的工作中表現得不知所措，也會出現一些小失誤。一般來講，新員工剛入職時，會面臨下列問題：

1. 面對眾多的陌生面孔不知如何溝通，工作中也不知該找那些人員辦理相關事項。

2. 對自己能否做好新工作感到忐忑不安，害怕工作中出現任何意外或差錯。

3. 陌生的環境讓自己分心，無法集中全力做好本職工作，有些力不從心的感覺。

4. 對公司的各項規章制度、管理規定不甚熟悉，不知道什麼該做，什麼不該做。

5. 本想做好新工作，也確信自己有能力做好，但各種各樣的小錯誤總是不斷出現。

6. 害怕工作中出現的任何困難，做事推諉，怕犯錯誤，不敢擔負責任。

新員工入職出現這樣那樣的問題，是任何一個企業都無法避免的，所以，在新員工入職時，企業做好相關的入職引導就顯得尤為重要。

二、新員工的入職引導

入職引導，是企業對新員工開展的有關企業文化、崗位職責、行為準則等方面的入職教育、培訓和引導，為使員工快速適應企業環境，儘快進入崗位角色。

1. 入職引導的作用

⑴適應新環境

使新員工瞭解企業概況、發展前景及規章制度，減少新員工初到新環境的緊張和不安，使其更快地適應新環境。

⑵勝任新工作

使新員工儘快熟悉自己的工作，明確自己的職責，幫助其更快地勝任本職工作。

⑶融入新文化

創造良好的人際關係氣氛，使新員工能有效快速地融入企業文化，減少因不同工作背景帶來的「文化衝突」，增強全體員工的團隊合作意識。

2. 入職引導的內容

⑴與工作環境有關的內容

與工作環境有關的入職引導內容包括：企業宏觀環境和工作微觀環境，具體如圖 8-1-1 所示。

⑵與工作制度有關的內容

本部份入職引導內容較多，且關係到員工的切身利益，包括企業各項人力資源管理制度(薪酬、培訓、考核等方面)、行政辦公管理制度、財務管理制度等。

⑶與工作崗位有關的內容

根據職位說明書，向新員工介紹其所在崗位的主要職責、上級主管、工作任務及績效考核的具體規定等。對於技術性較強的崗位，還應安排新員工進行實操訓練。

此外，與工作崗位有關的入職引導還應包括員工行為標準、著裝要求、工作場所行為規範、工作休息制度、禮儀儀表等方面的培訓。

圖 8-1-1　與工作環境有關的入職引導內容

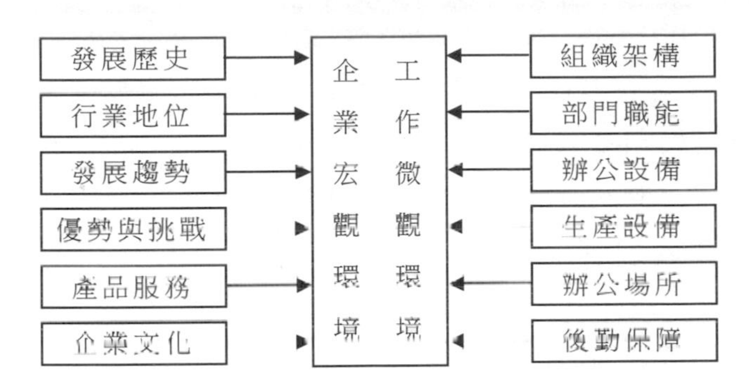

第二節　管理者如何做好新員工的入職工作

一、做好新員工的入職工作

管理者首先要明確新員工入職後會面臨哪些問題。管理者可以通過與相關部門或其他員工進行溝通得知，也不妨換位思考，站在新員工的角度上思考分析，這樣獲得的答案會更為真實。以下是一份新員工初入職場，最害怕遇到的問題調查結果:

· 陌生的同事、上司的面孔環繞著他；
· 對新的工作環境、交往環境感到陌生；
· 對於新工作能否出色完成的把握感到擔憂；
· 對於新工作中出現的意外狀況感到膽怯；
· 不熟悉公司規章制度，包括部門之間有哪些規矩；
· 不知道自己的上司性格、辦事風格、是否嚴厲苛刻；
· 不知道自己會不會受到接納和幫助，新同事是否會歡迎自己等。

管理者或者人力資源部門在瞭解新員工入職過程中會遇到哪些問題後，就可以相應地制定一系列的管理工作，從制度上關懷，做到接納新員工，具體的管理工作有以下幾點。

1. 張貼歡迎通告

在公司公示板以及新員工所在部門顯眼的位置打出橫幅和張貼海報，表示熱烈歡迎新員工的加入。

2. 熱情迎接並從細節入手

新員工前來報到首先會接觸人力資源部門，所以人力資源部應該熱情迎接，積極幫助新員工瞭解其所工作的部門，耐心解答新員工的問題。可以從細節入手，比如為新員工準備一些檔、資料，以便在新員工簽署合同後交給他們，新員工的檔袋可以包括以下檔和資料：入職培訓時間安排、新員工起薪通知、總經理歡迎信、公司簡介、員工手冊、公司有關規章制度、員工職位描述、公司內部電話表、上下班時間及須知、公司辦公區／廠區平面圖、冤屈申訴流程及方法等。

接下來新員工所在部門的主管人員和同事也要真誠地歡迎新員工的到來，尤其是主管人員，要面帶微笑，態度誠懇，表示對新員工的尊重和歡迎；在與其握手時，要表現出對新員工的姓名會牢牢記在腦海中，希望彼此能夠像朋友一樣坦誠相待；當新員工進入自己的部門時，部門的同事也應該去主動和他握手，並表示歡迎。當把新員工介紹給同事認識時，新員工對環境的陌生感會很快地消失，可使他更快地進入狀態；這就避免了新員工在陌生的環境下處於困窘和尷尬的境地，也給彼此留下一個很好的第一印象，而且對新員工迅速融入到團隊展開合作很有幫助。

3. 帶領新員工參觀公司

帶領新員工熟悉環境是十分必要但也往往最容易被忽略，向新員工介紹辦公地點、餐廳、會議室、衛生間等的位置等，可以幫助新員工更快瞭解公司佈局，周邊的環境，方便員工開展工作，也可以避免其在工作出現狀況時手忙腳亂，找不到解決的部門。

做好新員工入職的管理工作，幫助新員工消除陌生感，一個有效並且直接的辦法就是指派新員工部門的領導和同事對其進行引導和溝通。因為新員工剛入職時可能會存在一個首因效應的影響，也就是第一印象的影響。

新員工往往會在入職後的一段時間內對企業、團隊或者某個同事形成他們的認識和評價，這個認識和評價往往不易改變，而新員工會憑藉自己這種認識和感覺在新環境中工作或者與人溝通，同樣，新員工所在部門的領導和同事也會因為他所表現出的感情、態度對其進行自己的評價和判斷。

因此，管理者應首先協調新員工與部門之間的和諧關係，為其能很好地融入團隊打好基礎，同時部門領導及員工應積極歡迎接納新員工，為彼此都留下良好的影響。

二、工作崗位前的歡迎儀式

對於每位新入職的員工，舉行一場隆重的崗位見面會與歡迎儀式既利於新員工及早與其他員工瞭解，又利於讓新員工心理上感覺受到重視，促進新員工快速融入公司。

常見的崗前見面會與歡迎儀式有三種：公司見面會、部門內部見面會、相關部門見面會。其具體做法如下。

⑴公司見面會

公司見面會可以利用全體員工晨會或周例會舉行。

主持人通常由人力資源部經理擔任。

主要流程為：先由新員工作自我介紹、人力資源部經理總結評價新員工的職業能力、崗位職責並提出期望。

⑵部門內部見面會

部門內部見面會可以利用該部門晨會（入職當天或第二天），也可以特意召開。主持人通常由部門負責人擔任。

主要流程為：先由部門負責人致歡迎詞，其次請新入職員工自我介紹，再次請部門內其他員工自我介紹、最後由部門負責人提出期望。

主持人：經理 Y 先生

Y 先生：我們以熱烈的掌聲歡迎人力資源部新夥伴招聘主管 L 先生加入我們公司！

Y 先生：下面有請 XX 先生作崗前介紹。

L 先生：我叫 XXX，來自 XXXX，畢業於 XXXX……

Y 先生：XX 先生招聘經驗豐富，曾……，

Y 先生：最後，希望各位夥伴多多支持 XX 先生的工作，XX 先生

多與各位夥伴溝通協作，讓我們的工作更上一個臺階。

第三節　新員工的入職

一、辦理新員工的入職手續

用人單位通過層層選拔，最後確定錄用人選，並向錄用人員發出錄用通知，待錄用人員報到後，人力資源部應為其辦理相關入職手續。

圖 8-3-1　某企業員工入職手續辦理流程

查驗機關證件，包括身份證、學歷證書、畢業證書、離職證明、照片、職稱證書、英語等級證書等

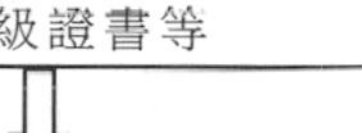

員工入職體檢，用人單位可統一組織員工入職體檢，也可要求員工提供相關醫院出具的體檢報告

↓

填寫入職登記表，包括員工個人信息、聯繫方式、所屬部門、所任職務、工作經歷、所受教育、培訓經歷等

↓

簽訂工作合約，視具體情況簽訂固定期限、無固定期限和以完成一定工作任務為期限的工作合約

員工新入職時，人力資源部門應要求其填寫員工登記表，並為新員工建立檔案目錄，具體如表 8-3-1、表 8-3-2 所示。

表 8-3-1　員工入職登記表

姓名		部門		職位		入職日期	
性別		出生日期		學歷		籍貫	
畢業學校				專業			
家庭地址				現在住址			
戶口所在地				檔案所在地			
電子郵箱				聯繫電話			
緊急聯繫人				緊急聯繫電話			
工作經驗							
教育經歷							
備註							

表 8-3-2　員工檔案目錄

姓名		部門	
建檔時間	年　月　日	撤檔時間	年　月　日
序號	資料名稱	頁次	備註
1	員工登記表		
2	求職申請表		
3	入職登記表		
4	身份證(影本)		
5	學歷/學習/培訓證明(影本)		
6	職稱/資格證書(影本)		
7	榮譽證書/證明		
8	就業/工作/證明		
9	身體檢查表/健康證明		
10	合約書/聘用協議書		
11	試用期評估材料		
12	員工轉正表		
13	人事調動表		
14	職務/級別變動表		

二、入職引導的實施

入職引導持續時間，少則一週，多則一月甚至更長時間，待新員工進入工作狀態且基本穩定後，入職引導方可結束。

1. 人力資源部入職引導

人力資源部除了為其辦理入職相關手續和簽訂工作合約，還應對新員工做適當的引介。人力資源部有責任讓新進員工瞭解企業的各項政策和規定，讓新員工瞭解企業的整體概況。

表 8-3-3　某企業人力資源部的入職引導

工作時間	激勵制度/績效獎金
休息時間/用餐時間	加班政策及計算方式
上下班打卡規定	獎懲制度
請事假、病假規定	教育培訓制度
遲到/早退說明	安全衛生規定
試用期及相關規定	公司財產保護及員工職責
發薪方式/時間	交通/餐廳服務項目
薪資調整政策	限制性規定(如抽煙，喝酒等)
績效考核制度	緊急事件處理原則

2. 用人部門入職引導

當一位新員工向其所在部門報到時，部門主管應負責引介新員工，直到新員工對工作環境、工作本身的調適達到滿意的程度，並且瞭解他本身的工作與企業整體運作的關係。也許有些項目在人力資源部門的入職引導中已經介紹過，但不斷重覆對新員工而言，是有必要的。

三、新進員工入門引導的內容

表 8-3-4　某企業新進員工部門入職引導表

時間	負責人	引介內容
第一天	直屬主管	準備工作 1. 在新進員工報到之前，先與資深同仁及引導人討論工作分配及時間進度 2. 注意公司舉辦的新員工培訓的日期，以便安排新進人員參加 3. 安排一些具體工作，讓主管與新員工在最初的兩週中，每天至少有三次接觸溝通的機會，讓新進員工的問題隨時都可以獲得解決
		歡迎新員工 1. 詢問其上班交通工具，求學經歷，工作經驗及工作動機 2. 將自己的姓名、職稱、電話告訴新員工 3. 帶領新員工參觀其辦公環境，告訴其辦公桌的位置 4. 介紹部門內其他主管及同事給新員工認識
		部門介紹 1. 部門設立目的及工作目標 2. 組織結構及工作流程 3. 本部門與其他部門之間的關係
		工作內容 1. 討論新進員工職位的工作職責及績效標準 2. 強調該項工作與部門內其他工作的相關性 3. 提醒新進員工在工作中可能要支持其他同事的工作 4. 討論公司對新員工的期望 5. 提供標準作業手冊 6. 介紹公司的呈報系統

續表

第一天	直屬主管	紀律規定 1. 準時上下班及出勤。當天缺勤時，應在上班半小時內向主管電話說明 2. 上下班刷卡流程、中午休息及用餐時間 3. 下班離開辦公室時需要注意的事項 4. 合適的穿著，保持工作環境的清潔以及吸煙規定 5. 工作保密事項說明
		其他事項 1. 討論緊急事件處理流程及工作安全的重要性，告訴新進員工醫務室或急救箱的位置 2. 在第一天下班前半小時再看看新進員工，是否有什麼事情 3. 適當地給新進員工一些鼓勵
	資深同仁	1. 介紹個人衣櫃、洗手間、公佈欄、餐廳設施的位置 2. 說明申請辦公用品的流程 3. 邀請幾位同事一起與新進同事吃午餐
第一天	部門經理	1. 歡迎新進員工加入本部門 2. 說明本部門的工作項目及與公司整體之間的關係 3. 強調其直屬主管的角色——帶訓人及顧問 4. 說明本部門的工作目標及培訓計劃
第二天	直屬主管	重申薪資制度 1. 薪酬計算方式及時限 2. 年度或績效調薪機制 3. 薪資等級及晉升方式 4. 薪資保密制度 5. 加班及加班費給付規定 6. 工作績效評定方式
		員工職業規劃 1. 公司內部晉升政策 2. 公司的教育培訓計劃
		其他事項 將試用期結束後要考核新員工的項目列出來，當場解答新員工的問題，並讓其瞭解要完成的目標及評定標準

續表

第二天	引導人	正式訓練 1. 與新員工討論並說明未來三個月的訓練內容 2. 如何幫助新員工熟悉工作，並能達成工作目標 3. 正式訓練課程介紹及時間日期
		非正式訓練 1. 準備工作說明書及作業流程書或其他書面的作業手冊 2. 告訴新員工工作的重要性，並告訴工作表現好時將會得到何種獎勵 3. 簡要介紹訓練、學習方式，並進行操作示範 4. 由新員工自行操作每一步驟的工作並隨時檢討其優缺點，以使新員工充分瞭解正確的工作方式 5. 應讓新員工獨立作業，並提出疑問，由其同事、直屬主管或帶訓人負責回答 6. 追蹤一個月以後再觀察新進員工是否用正確的方法在工作
第二週	直屬主管	1. 瞭解訓練的進度，觀察新員工對工作的反應 2. 由新進員工提出一些問題，對需要特別說明或解釋的地方進行解釋和說明 3. 告訴新進員工有關公司合理化建議獎金制度的做法及介紹一些員工活動
第五週	直屬主管	1. 與新員工討論其在過去四週中工作及學習的進度，有那些優點和需要改進的地方 2. 與新員工討論其所選擇的醫療、保險福利 3. 重新說明特別休假規定 4. 員工分紅入股規定
第八週	直屬主管	1. 完成《新員工試用期工作進度考核表》 2. 給予是否同意新員工轉正的意見，並報部門經理批准 3. 人力資源部辦理相關的轉正或辭退手續

第四節　新入職員工的導師

導師的選拔可以採取個人申請與部門負責人推薦相結合的兩種方式，經人力資源部審核，公司批准後執行。

員工導師管理制度是採用的「一對一」的幫扶制度，導師的品行、技能、傳授技巧等對新員工的影響至關重要。如果導師選擇得好，新員工能快速成長；若導師選擇不好，可能還會提高新員工的流失率，導師的選擇與培訓至關重要。

新員工進入一家公司，一切都較為陌生，需要瞭解公司的基本情況、企業文化、規章制度、掌握崗位的基本知識、技能，還需要建立良好的人際關係。任務重、壓力大，在試用期，尤其是前一個月內新員工流失率偏高。

一、為何要進行員工導師管理制度

若實行員工導師管理制度，給每位新入職員工配備一名導師，有如下作用：

1. 能定期與新員工進行溝通，及時發現新員工的思想動態，對於好的思想多加鼓勵，對於不好的想法可以及時消除，能促進新員工心態的穩定。

2. 能夠及時瞭解新員工具備的崗位知識、技能情況，對於新員工未掌握的情況，能及時傳授，能幫助新員工快速掌握崗位所需的知識、技能。

3. 能夠介紹公司的各位同事，讓新員工快速熟悉公司的人文環境，能夠更快地建立良好的人際關係。

4. 幫助新員工制訂工作與學習計畫，合理安排新員工工作內容，使新員工工作飽滿充實，提升新員工的成就感。

5. 能夠給予新員工生活上的支持和幫助，讓新員工迅速適應公司的生活環境。

6. 能夠起到言傳身教，示範作用，成為新員工學習成長的榜樣。

7. 能夠加強新員工的企業情況、企業文化、規章制度的理解和培訓，讓新員工能夠快速掌握勝任崗位所需瞭解的基本規章制度。

二、工作崗位導師的標準

導師選擇首先需要制定明確的導師選拔標準：

1. 導師為新進員工的直接上級或本部門核心骨幹人員、業務關聯部門。

2. 高度認同企業、企業文化，對公司的發展充滿信心，對目前公司的現狀滿意，無抱怨。

3. 為人正直，品行優良。

4. 加入公司一年以上，熟悉公司的基本情況、規章制度及業務知識與流程。

5. 本職工作崗位業績突出，能完全勝任本職工作。

6. 善於溝通，樂於助人，善於傳授知識、技能。

7. 嚴格要求，注重教授的方式與方法。

第五節　新進員工的試用期考核

試用期是企業在招聘員工之後，通過實際工作考核員工的階段。在試用期內企業應全方位地對員工加以考核，以確保員工確實是符合崗位要求的。而一旦企業發現員工不能達到自己的要求時，可在試用期內與員工解除工作關係。而且，與正式的工作關係中解除工作合約相比，試用期內的解除條件要稍低。但試用期內的解除也並非是企業隨隨便便就可以讓員工走人的，必須做到流程和內容的合法，企業應合理依法操作。試用期並不是「白用期」，並不是企業可以隨便操縱的。而且必須要明確一點，試用期是在工作合約的期限之內的，先試用後簽訂工作合約，先試用後錄用屬故意違法行為。

企業在試用期間可以解除工作合約，而且不用支付賠償金。這就是用人單位在試用期中合理用工權的體現。

法律賦予用人單位解除工作合約的權利的履行，必須是在試用期內，企業用人單位一定要注意這一點。否則，即使你能拿出工作者不符合錄用條件的事實證據也是沒有用的。

錄用條件是試用期解除工作關係的依據。錄用條件評估是對新進人員在試用期的表現進行的評估，企業通過試用期評估確定人員是否符合企業錄用條件，對不符合錄用條件的可以解除工作關係。

在試用期中，除非工作者在試用期被證明不符合錄用條件、嚴重違反用人單位規章制度、嚴重失職給用人單位造成嚴重影響等情況，用人單位不得隨意解除工作合約。用人單位在試用期解除工作合約的，應當向工作者說明情況。

表 8-5-1 試用協議書

試用協議書

用人單位(甲方)：　　　　　　　　地址：

職工(乙方)：　　　　　　　　　　身份證號碼：

甲方因工作需要，同意招用乙方到甲方試用工作，根據有關規定，經雙方自願協商同意訂立本協定。

一、試用期合約期限

試用期為______個月，試用合格者，經公司總經理同意，甲方與乙方簽訂工作合約(正式工作合約期限為______月)，聘為正式員工，確立工作關係，明確雙方權利及義務。

乙方報到當日應提供區(縣)級醫院出示的體檢證明。

二、試用期工作任務

乙方同意服從甲方的工作需要，在______崗位，承擔_______工作任務。具體的工作任務如下：

____

____

____

三、試用期紀律

乙方應自覺遵守規定的有關甲方的各項規章制度，服從管理，積極做好工作。甲方有權對乙方履行制度的情況進行檢查、督促、考核和獎懲。

四、試用期時間與報酬

1. 甲方實行每日不超過 8 小時，每週工作不超過 40 小時的工時制度，並保證每週至少休息一天。甲方可根據工作崗位、性質對工作時間作適當調整。

2. 在試用期內，乙方工資為______元/月，試用期滿根據乙方崗位另定。

3. 在試用期內，乙方不能享受甲方的各類福利待遇。

五、有下列情形之一的，甲方可以隨時解除協議

1. 乙方試用期不符合錄用條件的。

具體錄用條件為：

____

____

____

2. 乙方被判刑，以及有貪污、盜竊、賭博、打架鬥毆、營私舞弊等嚴重問題，或因失職給單位造成重大損失和屢次違反紀律教育不改的。

3. 乙方提供虛假資料、證明，以騙取公司信任的。

六、保守商業秘密，維護公司利益

公司的資源是公司的寶貴財產，任何人不得將公司的資源佔為己有，未經許可，不得將公司的資源無償或有償地向他方提供。

乙方在試用期間開發的軟體也屬於公司財產，若乙方離職，需將軟體的有關資料交回公司，包括軟體結構、流程圖、數據字典及原代碼使用說明等。

七、協議解除

工作合約之解除依照相關規定。

八、本協議一式兩份，甲、乙雙方各保留一份。

甲方：(蓋章)　　　　乙方：(簽名)

法人代表：(簽名)

年　月　日　　　　年　月　日

第六節　試用期員工的離職管理

試用期是員工離職率較高的階段，一方面反映公司的招聘管理水準；另一方面可反映試用期員工的培養與公司的管理水準，需要關注試用期員工的離職。

招聘主管不能將新員工招進來後，就以為萬事大吉，任務完成，其實試用期的培養同樣重要。招聘主管要細化試用期員工的管理，包括上崗前培訓、師傅的確定、階段工作目標的建立、工作過程的跟蹤、定期的溝通機制等，緊密關注試用期員工的心理、工作、生活狀態，發現問題提前干預，防止新員工離職。

1. 規範試用期員工的管理

通過離職面談後，若發現離職原因主要是因為試用期管理問題，那麼就需要人力資源部重新規範試用期員工的管理，如加強師傅的管理，加強崗前培訓、加強試用期工作計畫、學習計畫的制訂與追蹤等。

2. 做好試用期員工的離職面談

一旦有員工離職，一定要做好員工的離職面談，分析新員工離職產生的原因。是招聘選拔人不合適，還是崗位設計不合理、薪酬不匹配、部門主管的原因、人際關係的原因、公司管理不規範等原因。只有瞭解了真實的情況，才能有針對性地採取預防與管理。

3. 調整招聘方法

通過離職面談後，若發現新員工主要是因為招聘的原因，那麼就需要人力資源部重新審視招聘的定位，到底招什麼樣的人合適，任職標準是什麼，薪酬匹不匹配，只有明確了這三點，才能有針對性地進行調整，保證後面能夠更精准、有效的實行招聘。

表 8-6-1　新員工試用表（範例）

<table>
<tr><td>姓　　名</td><td></td><td>所屬部門</td><td></td><td>入職日期</td><td></td></tr>
<tr><td>年　　齡</td><td></td><td>畢業院校</td><td></td><td>專　　業</td><td></td></tr>
<tr><td>招聘方式</td><td colspan="5">□社會招聘　　□校園招聘　　□內部推薦或晉升</td></tr>
<tr><td rowspan="4">試用情況</td><td colspan="3">試用職位：</td><td colspan="2">督導人員：</td></tr>
<tr><td colspan="3">試用期限：</td><td colspan="2">督導方式：</td></tr>
<tr><td colspan="3">試用薪資：</td><td colspan="2">督導項目：</td></tr>
<tr><td colspan="3">試用期職責：</td><td colspan="2">督導人員職責：</td></tr>
<tr><td>試用結果</td><td colspan="5">出勤情況：
工作態度：
工作能力：</td></tr>
<tr><td>督導人意見</td><td colspan="5">□擬正式任用　　□擬予辭退</td></tr>
<tr><td>備　　註</td><td colspan="5"></td></tr>
</table>

表 8-6-2 試用期鑑定表(範例)

姓名		部門		性別		出生日期	
學歷		職位		工作時間		試用到期日	
個人工作小結							
部門意見	部門經理簽字： 年 月 日						
人力資源部意見	人力資源部經理簽字： 年 月 日						
備註							

表 8-6-3　試用期考核表(範例)

<table>
<tr><td>員工姓名</td><td colspan="2"></td><td>職　　位</td><td></td><td>職位編號</td><td></td></tr>
<tr><td>所屬部門</td><td colspan="2"></td><td>直接上級</td><td></td><td>試用日期</td><td></td></tr>
<tr><td>自我鑑定</td><td colspan="6">簽字：　　　　　　　　　　　　日期：</td></tr>
<tr><td rowspan="4">工作任務完成情況評定(滿分100分)</td><td colspan="2">工作任務</td><td colspan="2">考核指標</td><td colspan="2">考核評分</td></tr>
<tr><td colspan="2"></td><td colspan="2"></td><td colspan="2"></td></tr>
<tr><td colspan="2"></td><td colspan="2"></td><td colspan="2"></td></tr>
<tr><td colspan="6">直接上級簽字：</td></tr>
<tr><td rowspan="7">所在部門鑑　　定</td><td colspan="2">考勤情況</td><td colspan="4">□優秀　□良好　□一般　□較差</td></tr>
<tr><td colspan="2">工作主動性</td><td colspan="4">□優秀　□良好　□一般　□較差</td></tr>
<tr><td colspan="2">工作責任感</td><td colspan="4">□優秀　□良好　□一般　□較差</td></tr>
<tr><td colspan="2">工作效率</td><td colspan="4">□優秀　□良好　□一般　□較差</td></tr>
<tr><td colspan="2">工作品質</td><td colspan="4">□優秀　□良好　□一般　□較差</td></tr>
<tr><td colspan="2">待人接物</td><td colspan="4">□優秀　□良好　□一般　□較差</td></tr>
<tr><td colspan="2">遵規守紀</td><td colspan="4">□優秀　□良好　□一般　□較差</td></tr>
<tr><td>部門總體評　　價</td><td colspan="6">部門主管簽字：　　　　　　　　日期：</td></tr>
<tr><td>人力資源部鑑　　定</td><td colspan="6">部門主管簽字：　　　　　　　　日期：</td></tr>
</table>

表 8-6-4　新員工轉正表（範例）

<table>
<tr><td>姓　　名</td><td></td><td>部　　門</td><td></td><td>職　　位</td><td></td></tr>
<tr><td>工　　號</td><td></td><td>試用期間</td><td colspan="3">年　月　口~　　年　月　日</td></tr>
<tr><td>試用期
考核結果</td><td colspan="5">□試用不合格，請予以辭退。
□試用合格，擬正式錄用，請以薪資等級予以轉正。
□試用期間表現優異，請以薪資等級予以轉正。
部門經理簽字：</td></tr>
<tr><td>人力資源
部經辦</td><td colspan="5">□擬試用部門意見，自　　年　月　日起以薪資等級正式錄用。
□試用不合格，發給試用期薪資，擬自　　年　月　日起辭退。
人力資源部經理簽字：</td></tr>
</table>

第  章

新進員工的入職培訓

新員工入職培訓，又稱新員工培訓教育，是企業幫助新員工融入企業的第一步。其培訓的目的主要是幫助新員工瞭解企業，培養員工的認同感，引導新員工瞭解企業各種規章制度和崗位工作要求，熟悉企業各種環境，使之儘快融入到企業中來。

第一節　新進員工的初入職培訓

新員工入職培訓，又稱新員工培訓教育，是企業幫助新員工融入企業的第一步。其培訓的目的主要是幫助新員工瞭解企業，培養員工的認同感，引導新員工瞭解企業各種規章制度和崗位工作要求，熟悉企業各種環境，使之儘快融入到企業中來。

由於新員工來自不同的企業，工作經歷和經驗各不相同，有的已經工作幾年，有的剛剛畢業；有的有相關工作經驗，有的雖然已工作

了幾年，但從未從事過本行業。新員工的來源五花八門，他們具體的培訓需求到底如何？他們需要在那些方面進行再學習？這些都是新員工入職培訓需要解決的重要問題。

傳統的新員工入職培訓是從企業自身的角度出發的，要求新員工被動適應。目前，為了使入職培訓更加具有針對性和有效性，企業應該從培訓需求的分析開始。

入職培訓的需求分析主要應從三個方面開展，如下表所示。

表 9-1-1 入職培訓需求分析表

企業分析	工作分析	新員工分析
1. 企業概況、環境、戰略目標 2. 規章制度、相關法律文件 3. 企業內部環境 4. 商務禮儀與技巧 5. 衛生與安全等	1. 同事、部門環境 2. 工作職責及要求 3. 工作流程 4. 工作績效考核等	1.「有工作經驗的」新進員工 2. 畢業生 3. 升職者、調崗者 4. 休長假後覆職者 5. 兼職者等

一、新員工的屬性分析

企業相關部門在具體實施入職培訓之前，要針對不同背景和不同資歷的新員工，分析其工作經驗、知識水準及能力，並與企業和工作的要求相比較，從比較中總結出差距，進而設置不同的培訓內容，避免發生類似「不需要某種培訓的人參加了培訓，需要某種培訓的人卻沒能接受培訓」的情況。

1. 新進人員的入職培訓需求分析

⑴「有工作經驗的」新進員工

「有工作經驗的」新進員工是指那些從另一家企業進入本企業、擁有相關工作經驗的新員工。對於這些員工來說，企業需要其快速從一種企業文化進入到另一種企業文化。此時，本企業的企業文化、管理理念等內容，將會影響新員工在未來工作中的動機、態度及業績等。

⑵新畢業生

對於剛從學校畢業的新員工而言，其職場經驗一片空白，其面臨的是與學校完全不同的環境。企業在指導這類新員工適應工作的同時，還承擔著將其從「學校人」轉變為「企業人」的責任，對其進行職業道德教育也是企業的一項重要責任。

培訓人員需要考慮的是這些畢業生以前從未參加過工作，他們除了需要接受一些常規培訓外，還必須接受一些看似沒有必要的培訓，例如，如何使用影印機及傳真機、如何在工作時間內按時完成任務等。這類微不足道的小事不但可以避免窘迫、尷尬局面的出現，還可以幫助其樹立工作上的自信心。

2. 其他人員的入職培訓需求分析

⑴調崗者

這類員工已經在本企業工作，培訓部門很容易忽視對其的入職培訓。對於這些人來說，雖然不用重新介紹企業和規章制度，但以下四項內容對於調崗和升職的員工還是很有必要的，即新職位的崗位要求、組織期望其達到的績效水準、新團隊的認識和融入、崗位所需的新技術的培訓。

⑵升職者

升職者除了需要接受與調崗職工同樣的培訓，還需要接受基本管理技巧、領導藝術與交際能力等的素質提升培訓。

二、新員工入職培訓的分析

入職培訓需求分析，主要是從企業要求的角度出發分析新員工對於組織這一層面都有那些培訓需求。此分析的目的在於解決新員工面臨的第一個疑問：「我將要為一家什麼樣的公司服務？」

一般來說，與企業實體相關的入職培訓需求分析主要應從以下三個方面展開：

⑴企業概況及外部環境、戰略目標。

⑵規章制度、相關法律文件。

⑶商務禮儀與技巧、衛生安全措施、企業內部環境。

需要通過入職培訓傳達給新員工，以增加其對企業的瞭解，減少新員工由於對企業環境陌生而產生的緊張感和工作上的不便，增強新員工的自信心。

三、新員工入職培訓的需求工作分析

工作分析主要用於解決新員工面臨的另外一些疑問：「我將要從事的工作是什麼樣的？我能不能勝任？新同事容易相處嗎？」與工作崗位相關的入職培訓需求分析，主要是圍繞新員工將要從事的工作展開的。

1. 同事與部門環境

同事及其工作氣氛對新員工的影響很大，如老員工的心態、職業精神會影響新員工對企業的整體認識和工作熱情。

另外，關於部門內部「不可為」的行為和相關規定，也需要對新員工進行說明。

2. 工作職責及要求

根據員工崗位說明書，分析新工作對新員工的知識和技能要求，從而有針對性地確定入職培訓的內容。

3. 工作流程

為了使新員工能較快地熟悉本職工作、瞭解其他相關部門的職責，並培養新員工在工作中合理支配時間的觀點，對工作流程的介紹是有必要的。同時，還需要讓新員工瞭解部門內部的分工協作及溝通方式。

4. 工作績效考核標準

一般來說，新員工在瞭解企業、工作相關情況之後，都迫切想知道自己能否勝任工作以及怎樣才算勝任。因此，讓其獲悉本部門工作績效的考核標準也是入職培訓的作用之一。

第二節　新進員工入職培訓的方式

1. 新進員工入職的培訓內容

新員工入職培訓的內容一般包括企業文化、企業規章制度及員工職業生涯發展規劃等方面。

⑴企業概況，主要包括企業歷史、發展狀況及前景規劃、主營業務、組織結構等。

⑵企業文化與經營理念，主要包括企業的價值觀、企業戰略目標、企業的道德禮儀規範等。

⑶企業規章制度，主要包括企業的人事管理制度、薪酬福利制度、財務管理制度、員工日常行為規範等。

⑷工作技能，主要包括崗位工作技能、相關技術、安全生產知識、操作技巧等。

⑸員工職業生涯規劃，即把員工的職業發展和企業發展結合起來，鼓勵員工做自我發展規劃和職業晉升計劃。

⑹實地參觀，即帶領員工到企業相關部門、生產工廠進行實地參觀。

2.新員工入職的培訓方式

⑴現場授課式。由專門的講師進行相關課程的講授。

⑵觀看錄影。讓新近員工觀看企業自製或購買的培訓資料。

⑶企業 E-LEARNING 培訓。已經建立了自己 E-LEARNING 培訓網站的企業，可以通過開通帳號組織新員工培訓並進行相關的培訓考核。

⑷工作現場指導。把新員工直接帶到工作現場，讓他們現場觀看並進行實地演練。

⑸戶外訓練。組織新員工到戶外進行拓展訓練、做培訓遊戲等。

⑹海外培訓。派遣新員工到海外進行參觀學習、實地培訓等。

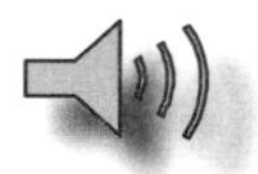

第三節　新進員工入職培訓課程

因為新員工將供職於不同的崗位，而且職位也高低不等，所以對新員工的培訓應該根據各自所從事的崗位和具體的需求展開，其培訓課程的設置除了全員都需要參加培訓的課程以外，還需要與自身崗位匹配的培訓內容。

1. 企業全員培訓課程

企業全員培訓課程主要是介紹企業的總體情況、企業文化、企業主要業務等。

表 9-3-1　企業全員培訓課程

培訓課程	課程內容
企業文化	企業的願景和價值觀及行事準則
企業經營之道	企業經營準則
企業員工手冊	員工行為規範及準則
職業生涯規劃	員工個人發展計劃

2. 銷售人員培訓課程

銷售人員培訓課程主要包括產品知識、管道知識、銷售技巧、區域管理、顧客服務技巧、大客戶管理、貨款催收等內容。

表 9-3-2　銷售人員培訓課程

培訓課程	課程內容
產品知識手冊	企業產品介紹
顧客購買心理	顧客購買決策
管道管理	行銷管道的建立與管理
大客戶管理	如何與大客戶建立並維護長期關係
銷售技巧	提高銷售業績的技巧
區域市場管理	區域市場分析與管理
售後服務	顧客服務管理
賬款回收	如何收回拖欠款項

3. 生產管理人員培訓課程

生產管理人員培訓課程主要包括生產計劃、生產技術、現場管理、品質管理、安全管理等方面的課程。

表 9-3-3　生產管理人員培訓課程

培訓課程	課程內容
生產計劃管理	制定並執行生產計劃
生產技術管理	技　　術
5S 管理	現場管理
6 西格瑪管理	品質管理
安全管理	安全生產知識
設備管理	生產設備的使用和維護

4. 客戶關係管理人員培訓課程

客戶關係管理人員培訓課程主要包括經銷商、代理商、終端顧客、售後服務等方面的課程。

表 9-3-4　客戶關係管理人員培訓課程

培訓課程	課程內容
經銷商關係促進	經銷商關係維護和銷售促進
代理商管理	代理商關係管理
終端顧客管理	顧客關係建立和維護
售後服務管理	售後服務技巧
投訴管理	處理顧客投訴

5. 新產品研發人員培訓課程

新產品研發人員培訓課程主要包括新產品技術、新產品研發體系、新產品定位、競爭性產品市場調研、製造流程與技術等方面的課程。

表 9-3-5　新產品研發人員培訓課程

培訓課程	課程內容
競爭性產品調研	產品調研和新產品策略
新產品技術	新產品技術研究
新產品研發體系設計	設計研發體系
新產品定位	新產品市場定位與預測
製造流程與技術	新產品的製造流程和技術管理

6. 財務管理人員培訓課程

財務管理人員培訓課程主要包括投資與決策、預算管理、成本管理、費用管理、稅收管理、審計管理等方面的課程。

表 9-3-6　財務管理人員培訓課程

培訓課程	課程內容
預算規劃	編制預算
投資決策	企業投資與決策
成本管理	企業成本核算
費用管理	費用控制
稅收管理	合理避稅
審計管理	內部審計

以上內容是從不同崗位的角度對新員工的培訓進行了課程設置，不同的企業應有不同的培訓課程體系，企業應該根據自己的實際情況進行有針對性的設置，目的只有一個：讓培訓有一定的效果，並在企業經營管理中產生作用。

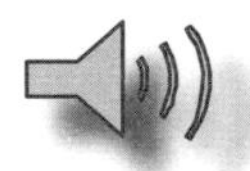

第四節　新員工入職培訓的實施

新員工入職培訓的效果直接影響到新員工入職後的工作績效，也關係到企業下一個階段的工作進程和工作效率。

培訓要取得良好的效果，關鍵在於入職培訓的準備是否充分、計劃是否週全等。新員工入職培訓實施的整個過程分為以下兩個階段。

一、新員工入職培訓實施的準備

1. 選擇培訓場地

一般情況下，根據企業規模的大小和組織結構的層次，入職培訓可分為三個階段：企業總部的培訓（集中培訓）、分支機構的培訓（部門培訓）和實地訓練。

在三個不同的培訓階段，入職培訓的需求和具體內容不同，因此應選擇的地點也不同。培訓場地選擇的首要原則就是要保證入職培訓的過程不被打擾。

2. 安排培訓講師

入職培訓的講師最好是企業的內部人員，因為企業內部人員才是最熟悉企業的人。企業高層、人力資源部經理、部門主管、專業技術員都可以被邀請來就不同的內容對新員工進行入職培訓。

對於培訓講師最基本的要求是：在培訓前要做充分的準備，非常熟悉入職培訓的相關內容和企業的實際業務情況。

3. 選擇培訓方法

入職培訓方法的選擇要根據培訓目標、培訓內容及培訓講師的特點來決定。對於新進企業的人員，通常採用課堂講座、多媒體教學和工作指導等方法，也可以採用角色扮演法來促使其學習和提高一些基本技能；對於調崗和職位晉升者，既可以運用工作指導、角色扮演及工作輪換的方法來提高他們的基本技能，也可以運用多媒體教學來演示技能操作場景。

4. 配備培訓設備

入職培訓應配備書寫板、白板筆、麥克風等基本教學用具，根據實際情況還可能用到投影儀、幻燈機等，這些設備都需要培訓部事先與講師溝通，在培訓之前將其準備齊全並落實到位。

二、新員工入職培訓的具體實施

新員工入職培訓的實施要根據新員工的特殊情況，由簡到繁，由少到多，先滿足基本需求，再滿足其他更高層次的需求。因此，在制定培訓計劃時也應該遵循這個原則。

1. 入職培訓費用估算

培訓計劃中一項很重要的內容就是估算培訓費用，以利於控制培訓成本和合理地分配企業的培訓預算。

表 9-4-1　入職培訓費用估算與申請表

申請日期：　　年　　月　　日

培訓課程名稱		培訓日期		培訓地點	
培訓費用估算	培訓費用項目		費用估算明細		
	教材費用		____元/本×____本＝____元		
	講師勞務費(或獎金)		____元/時×____時＝____元		
	講師交通費		____元/日×____日＝____元		
	講師膳食費		____元/日×____日＝____元		
	培訓場地租金		____元		
	培訓設備租金、教學工具租金		____元		
	其他費用		____元		
	合　　計		____元		
參加培訓新員工名單(共計××人)	姓　　名	將要去的部門	職　　位	其他說明	
申請人(部門)		財務經理		總經理	

2. 按計劃實施入職培訓

入職的第一天對於新員工來說非常重要，對企業也很重要。一般來說，新員工入職第一天人力資源專員要辦的事情比較多且瑣碎，事先應當計劃週全，給新員工營造一種輕鬆、友好的氣氛，使其對企業留下良好的印象。

在對新員工進行培訓的這段時間裏，要儘量讓新員工處於忙碌狀態，讓新員工多看、多動手，否則易使其認為被冷落或沒有成就感。

表 9-4-2　培訓實施計劃表

主題	培訓時間	培訓內容(常用培訓方法)		培訓講師	培訓教材	地點
就職前準備	第一天(剛進企業的新員工)____年____月____日					
	9：00～10：30	辦理新員工入職相關事宜		人力資源經理	新員工入職流程表	會客室
	10：45～11：30	給本部門其他員工介紹新員工		部門主管或經理		相應部門辦公室
		安排新員工的辦公場所				
		介紹一位資深員工作為指導人				
		佈置一項任務給新員工			崗位說明書	
	中午	帶領部門員工陪新員工吃第一頓午餐				餐廳
企業概況介紹	第二天(剛進企業的新員工)____年____月____日					
	9：00～10：00	企業佈局、生產系統參觀(參觀訪問)		高層或人力資源經理		工廠
	10：15～11：00	企業簡介(普通講座、多媒體教學)			員工手冊	會議室
		企業文化與經營理念(同上)				
	11：10～11：30	組織機構與各部門職責(同上)				
		企業主要業務及運作方法(同上)				
規章制度培訓	第三天(剛進企業的新員工)____年____月____日					
	9：00～9：30	高層致辭		高層		會議室
	10：00～11：30	主要規章制度	(普通講座、多媒體教學)	高層或人力資源經理	員工手冊	會議室
		人事管理制度				
		辦公管理制度				
		薪金福利制度				
		財務報銷制度、辦公管理制度等(同上)				
		其他新員工注意事項說明				
	13：00～17：30	實地培訓(專人工作指導、工作輪換)		指導員		

續表

<table>
<tr><td rowspan="5">工作方法培訓</td><td colspan="5">第三天(剛進企業的新員工)____年____月____日</td></tr>
<tr><td rowspan="3">9：00～11：30</td><td>電話溝通技巧(多媒體教學、角色扮演)</td><td>辦公室人員</td><td rowspan="3">員工手冊</td><td rowspan="3">會議室</td></tr>
<tr><td>文件存檔和使用管理(普通講座)</td><td></td></tr>
<tr><td>管理信息系統、數據庫的使用、辦公軟體及局域網的使用(多媒體教學)</td><td>專業技術人員</td></tr>
<tr><td>13：00～17：30</td><td>實地訓練(專人工作指導、工作輪換)</td><td>指導員</td><td></td><td></td></tr>
<tr><td rowspan="4">專業技術培訓</td><td colspan="5">到職後第____天或第____週(剛進企業的新員工、調崗者、升職者)</td></tr>
<tr><td rowspan="2">9：00～11：30</td><td>行為規範、商務禮儀培訓(多媒體教學、角色扮演、遊戲訓練)</td><td rowspan="2">內部講師或專業講師</td><td rowspan="2">相關培訓教材</td><td rowspan="2">具體培訓地點</td></tr>
<tr><td>團隊精神培訓(多媒體教學、角色扮演、遊戲訓練)</td></tr>
<tr><td>13：00～17：30</td><td>實地訓練(專人工作指導、工作輪換)</td><td>指導員</td><td></td><td></td></tr>
<tr><td rowspan="15">專業知識培訓</td><td colspan="5">到職後第____天或第____週(或安排其他時間)</td></tr>
<tr><td colspan="5">企業經營產品、市場概況(剛進企業的新員工、調崗者、升職者)</td></tr>
<tr><td>主要產品性能、用途</td><td rowspan="4">普通講座、多媒體教學</td><td rowspan="4">生產部經理</td><td rowspan="4">企業產品大全等相關產品資料</td><td rowspan="4">生產部會議室</td></tr>
<tr><td>產品供應、銷售管道</td></tr>
<tr><td>產品市場分析</td></tr>
<tr><td>產品競爭對手分析</td></tr>
<tr><td colspan="5">銷售技能培訓(剛進企業的新員工、調崗者、升職者)</td></tr>
<tr><td>銷售禮儀、基本銷售技能</td><td rowspan="5">多媒體教學、多媒體教學、角色扮演、遊戲訓練</td><td rowspan="5">銷售部經理</td><td rowspan="5">相關培訓資料</td><td rowspan="5">會議室或具體培訓地點</td></tr>
<tr><td>客戶服務技能、技巧</td></tr>
<tr><td>溝通和推銷技巧</td></tr>
<tr><td>顧客投訴處理技巧</td></tr>
<tr><td>市場分析和管理能力</td></tr>
<tr><td colspan="5">管理技能培訓(剛進企業的中層職工、升職者)</td></tr>
<tr><td colspan="2">管理的基本技巧(小組討論、腦力激盪、案例研究)</td><td rowspan="2">高層、專業講師</td><td rowspan="2"></td><td rowspan="2"></td></tr>
<tr><td colspan="2">領導藝術與溝通技巧</td></tr>
</table>

第五節　新進員工入職培訓的管理方案

第一條　入職培訓的目的

1. 使新進人員瞭解本公司概況及規章制度，認識並認同企業文化。

2. 使新員工明確自己的崗位職責、工作任務和工作目標，儘快進入崗位角色，融入新的環境中。更快地勝任擬任崗位的工作並遵守規定，減少雙方磨合的時間。

第二條　培訓的對象

企業新進人員。

第三條　培訓的時間

新員工入職培訓期一個月，包括 15 天的集中脫崗培訓及後期的在崗指導培訓。

第四條　培訓的內容

1. 企業概況：公司創業發展史、企業現狀以及在行業中的地位、發展目標、組織機構、各部門的功能和企業的經營業務。

2. 企業管理制度：薪酬福利制度、企業獎懲制度、員工行為規範等。

3. 職業禮儀。

4. 職業生涯規劃。

5. 人際溝通技巧。

6. 介紹交流。

第五條　培訓階段

1. 公司總部培訓。

2. 所在部門培訓。

3. 現場指導。

第六條　培訓計劃安排

表 9-5-1　培訓計劃安排日程表

培訓課程	實施時間	培訓地點	培訓講師	培訓主要內容
軍訓	7 天	××部隊		1. 增強學員的國防意識 2. 提高學員的集體主義精神 3. 培養學員吃苦耐勞的品德
企業概況	2 個課時	集團學院		1. 企業的經營理念和歷史 2. 企業的組織結構 3. 企業的經營業務和主要產品 4. 企業在行業中的競爭力狀況
職業禮儀	2 個課時	集團學院		1. 個人儀容儀表規範 2. 待人接物行為規範 3. 社交禮儀
企業管理制度	4 個課時	集團學院		1. 薪酬福利制度 2. 獎懲制度 3. 員工日常行為規範 4. 員工考勤制度 5. 勞動關係制度
企業文化	2 個課時	集團學院		1. 企業價值觀 2. 企業戰略 3. 企業道德規範
職業生涯規劃	2 個課時	集團學院		1. 職業目標的設立 2. 目標策略的實施 3. 內外部環境分析 4. 自我評估
人際溝通技巧	4 個課時	集團學院		1. 溝通的意義 2. 溝通的障礙 3. 溝通的技巧 4. 溝通的原則
介紹交流	4 個課時	集團學院		企業主管和優秀員工與學員開放式的互動交流
企業參觀	0.5 天	企業辦公場所		參觀企業的各個部門

第七條 各部門及現場指導培訓的重點在於培訓學員的實際操作技術、技能。其要點如下：

1. 擬任崗位的工作技能及工作方法；

2. 日常注意事項。

第八條 從事培訓指導的人員本身必須具備豐富的專業知識、熟練的工作技巧，並且能耐心、細心地解決學員在培訓期間所遇到的問題。

第九條 帶訓人員若表現突出，企業將視情況給予獎勵。反之，若帶訓人員工作不認真、不負責，企業會視情況給予懲罰。

第十條 培訓考核

培訓期考核可區分書面考核和實操考核兩部份。滿分均為 100 分。企業執行 3%的末位淘汰率，由員工所在部門、同事及人力資源部共同鑑定。

第十一條 培訓效果評估

人力資源部制定調查表進行培訓後跟蹤，以使今後的培訓更加富有成效並能達到預期目標。

表 9-5-2　企業培訓效果評估表

<table>
<tr><td>姓　名</td><td></td><td>職　位</td><td></td><td>所屬部門</td><td></td><td>評估日期</td><td colspan="3"></td></tr>
<tr><td>課程名稱</td><td colspan="9"></td></tr>
<tr><td>培訓講師</td><td colspan="9"></td></tr>
<tr><td>評估人</td><td></td><td>姓　名</td><td></td><td>職　位</td><td></td><td>所屬部門</td><td></td><td>評估日期</td><td></td></tr>
<tr><td colspan="3">培訓的目標</td><td colspan="7">□非常明確　□明確　□一般　□較差</td></tr>
<tr><td colspan="3">培訓內容的難易程度</td><td colspan="7">□較難　□一般　□簡單　□非常簡單</td></tr>
<tr><td colspan="3">培訓的方式</td><td colspan="7">□很好　□較好　□一般　□不好</td></tr>
<tr><td colspan="3">對今後工作的幫助</td><td colspan="7">□很有用　□有一定作用　□作用不大　□沒太大的關聯</td></tr>
<tr><td colspan="3">講師的風格</td><td colspan="7">□很喜歡　□喜歡　□一般　□不太喜歡</td></tr>
<tr><td colspan="3">對這堂課程的總體評價</td><td colspan="7">□很滿意　□滿意　□一般　□不滿意</td></tr>
<tr><td colspan="3">建　議</td><td colspan="7"></td></tr>
</table>

第六節　迪士尼樂園的員工培訓案例

世界上有 6 個大型的迪士尼樂園，美國的佛羅里達州和加利福尼亞州兩個迪士尼樂園歷史悠久，並創造了很好的業績。不過全世界經營最成功的、生意最好的，卻是日本東京迪士尼樂園。美國加州迪士尼斯樂園運行了 25 年，有 2 億人參觀；東京迪士尼樂園，最高一年可以達到 1 700 萬人參觀。研究這個案例，看看東京迪士尼樂園是如何吸引回頭客的。

開酒店或經營樂園，並不是希望客人只來一次，如果今天一對夫婦帶孩子逛樂園，這孩子長大了以後會再來嗎？他會帶他的男朋友或女朋友再來嗎？將來他又生了孩子，他的小孩子又會再來嗎？如果回答是肯定的，這就叫做吸引顧客回頭。住酒店也是同樣的道理，很少有酒店會注意一名客人會不會來第二次和第三次，所以只強調讓客人來住店，卻沒有想到吸引顧客回頭。因此，東京迪士尼樂園要讓老客戶回頭，就得在這個問題上動腦筋。

到東京迪士尼樂園去遊玩，人們不大可能碰到經理，門口賣票和剪票的也許只會碰到一次，碰到最多的還是掃地的清潔工。所以東京迪士尼樂園對清潔員工非常重視，將更多的訓練和教育集中在他們的身上。

(1)學掃地

有些在東京迪士尼樂園掃地的員工是暑假工作的學生，雖然他們只掃兩個月時間，但是培訓他們掃地要花 3 天時間。

第一天上午要培訓如何掃地。掃地有 3 種掃把：一種是用來扒樹葉的；一種是用來刮紙屑的；一種是用來撣去灰塵的，這三種掃把的使用方式不一樣。怎樣掃樹葉，才不會讓樹葉飛起來；怎樣刮紙屑，才能把紙屑刮得很好；怎樣撣灰，才不會讓灰塵飄起來，這些看似簡單的動作都進行嚴格培訓。而且掃地時還另有規定：開門時、關門時、中午吃飯時、距離客人 15 米以內等情況下都不能掃。這些規範都要認真培訓，嚴格遵守。

(2)學照相

第一天下午學照相。十幾台世界最先進的數碼相機擺在一起，各種不同的品牌，每台都要學，因為客人會叫員工幫忙照相，可能會帶市場上最新的照相機，來這裡度蜜月、旅行。如果員工不會照相，不知道這是什麼東西，就不能照顧好顧客，所以學照相要學一個下午。

⑶學習為小孩子換尿布

第二天上午學怎麼給小孩子包尿布。孩子的媽媽可能會叫員工幫忙抱一下小孩，但如果員工不會抱小孩，動作不規範，不但不能給顧客幫忙，反而增添顧客的麻煩。抱小孩的正確動作是：右手要扶住臀部，左手要托住背，左手食指要頂住頸椎，以防閃了小孩的腰，或弄傷頸椎。不但要會抱小孩，還要會替小孩換尿布。給小孩換尿布時要注意方向和姿勢，應該把手擺在底下，尿布折成十字形，最後在尿布上面別上別針，這些地方都要認真培訓，嚴格規範。

⑷學辨識方向

第二天下午學辨識方向。有人要上洗手間，「右前方，約 50 米，第三號景點東，那個紅色的房子」；有人要喝可樂，「左前方，約 150 米，第七號景點東，那個灰色的房子」；有人要買郵票，「前面約 20 米，第十一號景點，那個藍條相間的房子」……顧客會問各種各樣的問題，所以每一名員工要把整個迪士尼的地圖都熟記在腦子裡，對迪士尼的每一個方向和位置都要非常的明確。

訓練 3 天后，發給員工 3 把掃把，開始掃地。因為在迪士尼樂園裡，碰到這種員工，人們會覺得很舒服，下次就會再來迪士尼樂園，也就是所謂的引客回頭，這就是所謂的員工面對顧客。

⑸怎樣與小孩講話

游迪士尼樂園有很多小孩，這些小孩會跟大人講話。迪士尼樂園的員工碰到小孩問話時，統統都要蹲下，蹲下後員工的眼睛跟小孩的眼睛要保持一個高度，不要讓小孩子抬著頭去跟員工講話。因為那個是未來的顧客，將來都會再回來的，所以要特別重視。

⑹怎樣對待丟失的小孩

從開業到現在的十幾年裡，東京迪士尼樂園曾丟失過兩萬名小孩，但都找到了。重要的不是找到，而是在小孩子走丟後，竟然從來不廣播。如果這樣廣播：「全體媽媽請注意，全體媽媽請注意，這邊有一個小孩子，穿著黑裙子白襯衫，不知道是誰家的小孩子，哭的半死……」所有媽媽都會嚇一跳。

既然叫做樂園就不能這樣廣播，一家樂園一天到晚丟小孩子，誰還敢來。所以在東京迪士尼樂園裡設下了 10 個托兒中心，只要看到小孩走丟了，就用最快的速度把他送到托兒中心。

從小孩衣服、背包來判斷大概是哪裡人，衣服上有沒有繡他們家族的姓氏；再問小孩，有沒有哥哥、姐姐、弟弟、妹妹，來判斷父母的年齡；有的小孩小的連媽媽的樣子都描述不出來，都要想辦法在網上開始尋找，儘量用最快的方法找到父母，然後用電車把父母立刻接到托兒中心。在托兒中心，小孩可以喝可樂，吃薯條，啃漢堡，過得挺快樂，這才叫樂園。他們就這樣在十幾年裡找到了兩萬名小孩，最難得的是從來不廣播。

員工的離職管理

離職流程是整個離職管理制度中的關鍵，也是減少爭議發生的一個重要環節。員工一旦離職，再溫順的員工，這個時候再也不用為了保住飯碗而忍氣吞聲，員工會抱著「反正仲裁不要錢，不告白不告」的心理，選擇透過爭議仲裁使得自己的利益最大化。

第一節　員工跳槽前的信號

員工是企業經營發展的重要保障，是企業產生凝聚力和競爭力的基本條件，更是企業不可缺少的重要資源。在職員工跳槽，尤其是優秀人才跳槽，會對企業內部造成極大損失和影響，並會在企業中擴散出不穩定的情緒，影響企業的正常經營和管理，甚至直接關係到企業生存和發展。

管理者需要做的就是多觀察員工近期的工作狀態和行為。管理者要善於觀察員工的動態，判斷其是否有跳槽的意向，只有及時發現員工這種「跳槽信號」，才能對其採取積極的措施，從而最大限度地阻止員工流失。如果員工已經發展到了非走不可的階段，再對其進行挽留可能為時已晚或者收效不佳。

因此，在企業日常管理中，管理者能夠善於感知員工跳槽前的資訊並及時加以溝通挽留，就顯得尤為重要。即使不能夠成功地挽留員工，至少可避免因員工跳槽在內部引起的恐慌情緒的產生，同時也避免企業因員工突然跳槽造成的損失以及引起的民事糾紛。那麼，員工跳槽前的信號具體有哪些呢？

1. 頻繁請假

在職員工如果開始頻繁請假，或者管理者明顯可以察覺到其工作時心不在焉，經常因為一些小事請假並且隨著假期的增長工作時間越來越少，總是強烈地期盼著下班和放假，這就表明員工的心思已經不在工作上了，而是利用更多時間在籌畫自己的事，其很可能打算辭職或者跳槽。

2. 工作熱情明顯減少

員工的工作熱情與以往相比明顯減少甚至消極怠工是員工跳槽另一顯著的特徵，因為打算跳槽的員工之所以還堅持在崗位上大多數是因為受到勞動合同期限或者其他約定的限制，但是他們已厭倦了眼前這份工作，只等雇傭關係結束甚至期盼其提前結束。因此在工作中常常表現為應付了事，懶散消極。

3. 開始整理檔和私人物品

員工開始有意識地整理檔和私人物品，並陸續分批將其帶回家中，這也是員工離職或者跳槽的信號。這類員工通常做事比較有計劃性，包括對離職和跳槽的準備工作，他們不希望被人察覺到其將要離職的想法，因此循序漸進地做好準備工作，以免突然離開會出現某些特殊情況。當其把私人物品全部打理乾淨時，也就是他要離開的時候。

4. 與人溝通、交往頻率明顯減少

簡單來說就是員工不如以前一樣積極地處理與同事、主管之間的關係，包括不再積極爭取某些重點專案，不與其他同事進行業務競爭，不喜歡參加公司組織的集體活動，不會像以前一樣與領導坦誠地溝通，對某項任務的意見有所保留，更不會與同事打成一片等。

第二節　誰提出離職問題

員工一旦離職，再溫順的員工，這個時候再也不用為了保住飯碗而忍氣吞聲，員工會抱著「反正仲裁不要錢，不告白不告」的心理，選擇透過勞動爭議仲裁使得自己的利益最大化。所以，除了寫好離職管理制度之外，企業在操作過程中也要格外小心，不能讓員工抓住把柄，趁機鬧事。

離職流程是整個離職管理制度中的關鍵，也是減少爭議發生的一個重要環節。

1. 由員工提出離職的情況

對於員工自己提出離職的員工，應當提前 30 天直接向上級主管人員提交書面辭職報告，由主管簽字後，及時上交人力資源部備案，並辦理相關工作交接事宜。各級管理人員應當積極配合。

只要員工以非書面的形式向上級主管提出離職的，一概不予理睬，根據規定，員工提出離職的應當提前 30 天書面通知公司。所以應該在制度中強調，員工離職應當向公司提交書面離職報告，同時，該報告必須由員工本人簽字。

如果員工以口頭、E-mail、短信等形式表示離職的，公司一概不予理睬。因為這些形式的證據很難採集，證據效力又不高。如果公司一收到員工的非書面離職通知後，就開始讓員工辦理交接，然後又按照規定給員工辦理退工手續，那麼一旦員工反悔，說郵件、短信都不是自己發的，然後反咬公司一口說公司違法解除，向公司索要雙倍的賠償金或者要求恢復工作關係，到時候公司就有理說不清了。

員工提出離職，應當向上級主管提出。第一，是方便上級主管第一時間瞭解員工的離職信息，以便主管採取措施挽留。第二，如果員工執意要走、無法挽留的，那麼上級主管可以及時安排工作交接的事宜。

應當在制度中明確員工的通知義務以及未盡義務可能導致的後果。如果員工沒有書面提出離職就不來上班的，按曠工處理。如果員工沒有提前 30 天書面提出的，關係仍然至員工提出書面離職通知之日起 30 天才解除。如因員工未提前提出離職導致公司項目流失、招聘成本等增加的，員工應當承擔賠償責任。

2. 由公司提出解除工作合約的情況

這裏指的是法定的單方解除，只要符合規定的情形，公司就可以根據規定和員工解除工作關係。

法定的單方解除有兩個關鍵點，一是證據，二是流程。

(1)證據

很多做人力資源管理的人都有這樣的經歷，被部門經理通知要求處理掉該部門某某員工，而且還是無論用什麼方法，一定要處理掉。於是著手處理，問道：「以什麼理由？」「隨便，那個理由省錢就用那個。」「那有什麼相關證據沒有？」意思很明顯「要是有證據我還找你幹嗎？」

所以，在離職管理的制度中，我們首先要明確的就是上級管理人員在日常管理中的職責以及在離職、違紀員工處理時的積極協助義務。這是在處理問題員工過程中，能讓企業轉被動為主動的關鍵。

直接主管瞭解員工性格，又和員工朝夕相處，所以通常能第一個發現問題的就是直接管理人員，最容易收集到相關證據的也是直接管理人員。因而在處理涉及解除工作合約的問題員工的時候，直接管理人員有著義不容辭協助提供證據的責任。

⑵流程

公司單方解除員工的工作合約，流程要注意什麼？很簡單的一句話，按照法律規定處理。這也是為什麼很多企業的離職制度中部有一大段的《工作合約法》的解除的規定。這些法定的流程是離職管理操作的標杆，是管理制度本身的核心部份。

法律規定：「有下列情形之一的，用人單位提前 30 日以書面形式通知工作者本人或者額外支付工作者一個月薪資後，可以解除工作合約：工作者不能勝任工作，經過培訓或者調整工作崗位，仍不能勝任工作的；……」

按照上面的規定，對於不勝任員工的解除需要多個步驟：一名員工，首先是對其進行常規考核，考核下來證明員工不勝任，要調崗的就調崗，要培訓的就培訓，之後再考核，員工仍然不勝任的，最後企業提前 30 天或者支付一個月薪資後可以單方解除工作合約。當然還要排除員工發生第 42 條諸如女員工三期、醫療期內員工休病假等情形。

以上所述環節缺一不可，少了任何一個環節，都將構成違法解除。

當企業做出以上行為時，對員工來說仲裁時效還沒開始。當員工收到解除工作合約的通知，知道自己的權益受侵害後，仲裁時效才開始。這也是為什麼企業作出任何處理決定都需要給員工簽收的原因。

3. 雙方協商解除工作合約

在協商解除時，員工很清楚企業沒證據才找自己談。企業也很明確，沒證據才放下姿態找員工協商。於是雙方在各懷鬼胎的情況下，漫無邊際地討價還價，直到雙方意見達成一致。討價還價的核心永遠只有一個，那就是經濟補償金。

「Money 談妥，一切 OK。」接下來企業只要將協商確定下來的東西形成一份書面的解除工作合約協議書，然後讓員工簽字即可。

第三節　員工辭職的主要控制流程

1. 員工提出離職申請

員工一定要提前 30 天或試用期提前 3 天，以書面的形式向公司提出離職申請，而且需注意的是員工一定要在離職申請上簽名，否則不能作為勞動仲裁時有效的檔。

2. 瞭解離職的原因

人力資源部首先與用人部門溝通，瞭解員工離職可能的原因及用人部門對擬離職員工去留的建議及將可能對工作造成的影響。然後找與擬離職員工關係密切的人瞭解擬離職員工的基本情況。

3. 與擬離職員工進行離職面談

與擬離職員工進行離職面談，瞭解離職的真正原因、對公司的建議等方面的原因。通過擬離職員工的溝通，有針對性地做一些去留的溝通工作，達到離職面談的目的。

4. 離職審批

按照分權授權體系，具體可以參照 4.1.3 節錄用核准許可權執行。例如，總部經理級員工離職，一定需經過人力資源總監、部門第一負責人、分管高管核准後，交總經理批准後方可執行。

5. 工作交接

通過離職審批後，由用人部門安排工作交接，明確接交人、監交人。對於高級管理人員，若公司規定需做離任審計的，需要給離職員工進行離任前的審計。

當然，現實生活中可能離職面談不止一次，也不止一人進行離職面談。

6. 提醒有保密、競爭禁止的限制條件

7. 離職結算

做好工作交接或離任審計無問題後，由人力資源部提出離職結算金額，經批准並本人簽字確認後，按規定的時間打入員工指定帳戶上，並給員工開具員工離職證明。

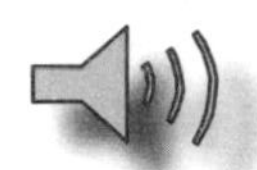

第四節　離職管理制度

第一條：離職定義

1. 合約離職。指員工與公司合約期滿，雙方不再續簽合約而離職。

2. 員工辭職。指合約期未滿，員工因個人原因申請辭去工作。

3. 自動離職。指員工因個人原因離開企業，包括不辭而別或申請辭職，但未獲公司同意而離職。

4. 公司辭退、解聘。

⑴員工因各種原因不能勝任其工作崗位，公司予以辭退；

⑵公司因不可抗力等原因，可與員工解除勞動關係，但應提前發佈辭退通告。

5. 公司開除。指違反公司、國家相關法律、法規、制度，情節嚴重者，予以開除。

第二條：離職手續辦理

1. 離職員工，不論是何種方式離職都要填寫《員工離職申請書》，逐級經部門主管、行政部主管、總經理批准後方可辦理離職手續。

2. 普通員工離職，應提前 15 天提出申請。中級以上管理人員、專案主管及技術人員應提前一個月提出申請。

3. 經總經理批准可以離職的員工，應到行政部領取《員工離職審批表》，認真、如實填寫各項內容。

第三條：工作移交

員工離職應辦理以下交接手續：

1. 工作移交。指將本人經辦的各項工作、保管的各類工作性資料等移交至部門主管所指定的人員，主要內容有：

⑴公司的各項內部文件。

⑵經辦工作詳細說明(書面形式)。

⑶往來客戶、業務單位資訊，包括姓名、單位名稱、聯繫方式、位址、業務進展情況等。

⑷培訓資料原件。

⑸企業的技術資料(包括書面文檔、電子文檔等)。

⑹經辦專案的工作情況說明，包括專案計畫書、專案實施進度說明、專案相關技術資料等。

⑺其他直接上級認為應移交的工作。

2. 事物移交。指員工任職期間所領用物品的移交，主要包括：領用的辦公用品，辦公室、辦公桌鑰匙，借閱的資料、各類工具(如維修工具、移動記憶體、所保管工具等)、儀器等。

3. 款項移交。指離職員工將經辦的各類項目、業務、個人借款等款項事宜移交至財務室。

4. 其他公司認為應辦理移交的事項。

上述各項交接工作完畢，接收人應在《員工離職審批表》上簽字確認，並經行政部審核後方可認定交接工作完成。

第四條：結算

1. 當交接事項全部完成，並經部門主管、行政主管、總經理分別簽字後，方可對離職員工進行相關結算。

2. 離職員工的工資、違約金等款項的結算由財務室、行政部共同進行。

第五條：轉移保險和檔案關係

員工辦理完離職手續之日起 15 日內，公司為員工辦理轉移保險和檔案關係的手續。

第六條：出具離職證明

工作合約解除或者終止時，公司為員工出具終止或解除工作合約證明。

第五節　離職作業流程

圖 10-5-1　員工離職流程

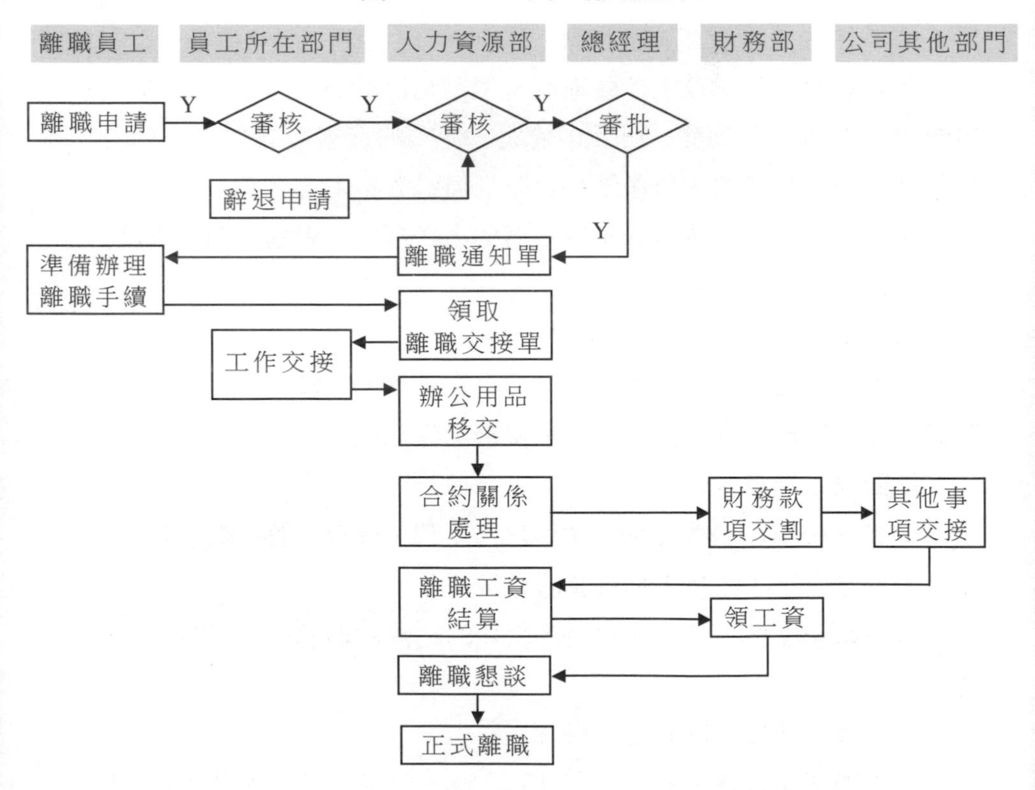

1. 提交離職申請報告

員工應當提前 1 個月向部門負責人書面提出。

2. 溝通挽留

主管與辭職員工溝通，對績效良好的員工努力挽留，探討改善其工作環境、條件和待遇的可能性。

3. 離職申請表

主動離職的員工由本人填寫《離職申請表》，說明離職事由如辭職、退休等原因；如果是由用人部門提出辭退申請的，則填寫《辭退申請表》。

4. 獲准辭職

本部門負責人、主管副總經理、總經理批准；部門負責人辭職由主管副總經理、總經理批准。批准後下發《離職通知單》。

5. 工作移交

本人、接任者和部門負責人共同辦理工作交接，包括收回各類文件資料、電腦磁碟等，填寫《離職工作移交清單》。

部門負責人在交接完成後通知電腦系統管理員注銷用戶，填寫《注銷用戶通知單》。

6. 清還用品

行政管理員向辭職者收回：

⑴工作證、識別證、鑰匙、名片、員工手冊；

⑵價值在 30 元以上的辦公用品；

⑶公司分配使用的車輛、住房；

⑷其他屬於公司的財物。

同時填寫《離職通知單》。

7. 離職談話

人力資源管理員協同行政部經理進行離職談話，談話內容包括：

⑴審查工作合約；

⑵審查文件、資料的所有權；

⑶審查其瞭解公司秘密的程度；

⑷審查其掌管工作、進度和角色；

⑸審查員工的福利狀況；

⑹闡明公司和員工的權利和義務；

⑺回答員工可能有的問題；

⑻徵求對公司的評價及建議。

談話要做記錄，填寫《離職面談記錄》，並由行政部經理和離職人簽名，分存公司和員工檔案。

8. 財務結算

憑行政部開出的《離職結算通知單》進行財務結算。

工作糾紛的發生常由員工離職時工作關係雙方沒有就工資、補償金數額等問題達成一致意見引起。對此，筆者認為，企業應從以下幾點來考慮如何正確處理，以防範法律風險的出現。

工作關係雙方依法解除或終止工作合約，企業應在解除或終止工作合約時，即員工離職時，一次付清工作者工資。員工向企業提供了工作，有取得工作報酬的權利，企業不得克扣或者無故拖欠工作者的工資。需要說明的是，企業向離職員工結清工資應是離職手續中的一項，這是規範的做法。有些企業習慣於要求離職員工在企業下月正常發薪日來領取工資而不是離職時予以結清，這樣辦理容易留下隱患。

9. 開具離職證明書

由人力資源開具《員工離職證明書》，並辦理相關的社會保險和檔案轉移的手續。

第六節　離職工作交接事務處理要點

員工離職時需將其負責的工作事項向企業做一交接，對此，員工所在的工作部門及 HR 部門應認真處理。

⑴歸還所領用的辦公物品。在實踐中，常發生員工帶著辦公設備（如筆記本電腦等易攜帶物品）擅自離職而不回公司辦理離職手續的情況，給企業正常工作造成一定負面影響與財產損失。針對此情況，一方面企業在辦理員工入職手續時即應要求提供並核實清楚員工的相關證件材料，以備追查；另一方面，在日常管理中應建立起相關工作制度與物品管理制度，對於辦公物品的管理與使用實行可行的登記備案；第三，企業應掌握一定的技巧，分析員工的離職心理，找到員工離職的動機，若因企業原因致使員工不信任企業不辭而別，企業應在法律規範內履行必要的義務，要求員工辦理正常的離職手續；第四，員工帶走公司財物，數額較大的，將構成侵佔公司財產的犯罪行為，企業應及時向公安機關報案以維護企業利益，而不可拖延，貽誤了處理事件的時機。

⑵工作內容的交接。離職員工若掌握一定的商業秘密，企業應針對其工作內容採取一定的包括簽署法律文件在內的措施。對於其他員工，工作內容的交接同樣是離職中必須履行的流程。如《會計法》第四十一條規定：會計人員調動工作或者離職，必須與接管人員辦清交接手續。根據此規定，若離職會計人員不予配合辦理工作交接手續，企業有權暫緩給其辦理離職手續。

第七節　為防止商業秘密洩露的競業限制

競業限制，又稱競業禁止，是企業為防止企業一些商業秘密洩露或者員工利用企業原有的資訊、資源跳槽到與其有競爭關係的企業中從事工作，而與員工約定，在員工解除勞動關係後的一定時間內，不得到與其本單位生產或者經營同類產品、從事同類業務的有競爭關係的其他用人單位，或者自己開業生產或者經營同類產品、從事同類業務的競業限制。

競業限制的前提條件，是有可以保守的商業秘密，並且這些商業秘密有可能被接觸到。如果用人單位根本沒有商業秘密，或者雖然有商業秘密，但員工根本就不可能接觸到，就沒有必要簽訂競業限制協定。

1. 競業限制的對象。

競業限制的人員限於用人單位的高級管理人員、高級技術人員和其他負有保密義務的人員。

企業根據自己的實際情況自由判斷，如果企業認為需要與某個員工簽訂競業禁止協定，即使該員工不屬於高級管理人員或者高級技術人員，也是可以簽訂的。

在簽定競業限制協定的物件上，並沒有強制性的規定，只要用人單位認為員工掌握單位的一定的秘密，都可以與其簽訂。

2. 競業限制的期限、範圍、地域。

用人單位與掌握商業秘密的職工在工作合約中約定保守商業秘密事項時，可以約定職工在終止或解除工作合約後的一定期限內（不超過 3 年)，不得到生產同類產品或經營同類業務且有競爭關係的其他用人單位任職，也不得自己生產與原單位有競爭關係的同類產品或經營同類業務。

在解除或者終止工作合約後，前款規定的人員到與本單位生產或者經營同類產品、從事同類業務的有競爭關係的其他用人單位，或者自己開業生產或者經營同類產品、從事同類業務的競業限制期限，不得超過二年。

3. 競業限制的違約責任。

除了向工作者提供了專項培訓或者簽訂了競業限制協定外，用人單位不得與工作者約定由工作者承擔違約金。工作者違反競業限制約定的，應當按照約定向用人單位支付違約金。

企業與工作者簽訂了競業限制協定，由於單位給予工作者經濟補償，如果工作者違反了競業限制的規定，工作者要承擔違約責任，用人單位可以向工作者主張違約金。

關於違約金的數額，並沒有做明確的規定，可以由用人單位和工作者協商決定。

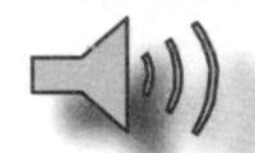

第八節　競業限制協議書的範例介紹

甲方：住址：法定代表人：

郵遞區號：

乙方：住址：身份證號碼：

鑒於乙方已經(可能)知悉甲方重要商業秘密或者對甲方的競爭優勢具有重要影響・為保護雙方的合法權益，甲、乙雙方根據國家有關法律法規，本著平等、自願、公平、誠信的精神，經充分協商一致後，共同訂立本協議。本協議的制定遵循如下原則：既要防止出現針對甲方的不正當競爭行為，又要保證乙方依法享有的勞動權利得到實現。

一、雙方確認。已經仔細審閱過協定的內容，並完全瞭解協定各條款的法律含義。

二、乙方在任職期內及雙方之間的《工作合約》解除或終止之日起兩年內承擔以下競業限制義務：

1. 不得自辦與甲方有競爭關係的企業或者從事與甲方保密資訊有關的生產和服務。

2. 不得到與甲方有競爭關係或者從事相同或類似業務的其他企業、事業單位、社會團體內擔任任何職務(包括但不限於股東、合夥人、董事、監事、經理、員工、代理人、顧問等)。

3. 不直接或間接地勸說、引誘、鼓勵或以其他方式促使甲方的任何管理人員或員工終止該等管理人員或員工與甲方的聘用關係。

4. 不直接或間接地勸說、引誘、鼓勵或以其他方式促使甲方的任何客戶、供應商、被許可人、許可人或與甲方有實際或潛在業務關係的其他人或實體(包括任何潛在的客戶、供應商或被許可人等)終止或以其他方式改變與甲方的業務關係。

5. 不直接或間接地以個人名義或以一個企業的所有者、許可人、被許可人、本人、代理人、員工、獨立承包商、業主、合夥人、出租人、股東或董事或管理人員的身份或以其他任何名義實施下列行為：

⑴投資或從事甲方業務之外的競爭業務；

⑵成立從事競爭業務的組織；

⑶向甲方的競爭對手提供任何服務或披露任何保密資訊。

三、競業限制補償金

根據相關規章、政策規定，甲、乙協商確定，甲方每年向乙方支付競業限制補償費總金額為雙方終止工作合約前 12 個月工資總額的%，即金額 XXXX 元。

四、競業限制補償金以下述第種方式支付

1. 本協定簽署之日起——日內，甲方向乙方一次性支付競業限制補償金；

2. 競業限制期限內，甲方於每月——日前，向乙方支付競業限制補償金 XXXX 元；

乙方指定的收款方式為：

開戶行：

開戶名：

帳號：

五、在競業限制期限內，如甲方經營過程中需要乙方提供其所掌握的與其原工作相關的資訊、資料或提供技術協助時，乙方應當給予必要的協助和配合。

乙方必須在離職後每半年提供其在職證明，或其他以證明其在職狀態或具體工作單位的書面檔。如果乙方拒絕提供，甲方有權不支付乙方競業禁止補償金；超過3個月乙方不提供書面證明的，視為乙方違約競業禁止約定，乙方需要承擔相應的責任。

六、違約責任

1. 乙方不履行本協議第二條第1項規定的義務，應當承擔違約責任，一次性向甲方支付違約金人民幣元。乙方因違約行為所獲得的收益應當還給甲方。公司有權對乙方給予處分。

2. 如果乙方不履行本協議第二條第2、3、4、5項所列義務，應當承擔違約責任，一次性向甲方支付違約金人民幣——元。因乙方違約行為給甲方造成損失的，乙方應當承擔賠償責任。

3. 前款所述損失賠償按照如下方式計算：

(1)損失賠償額為甲方因乙方的違約行為所受的實際經濟損失和甲方可預期收益。

(2)甲方因調查乙方的違約行為而支付的合理費用，應當包含在損失賠償額之內。

(3)因乙方的違約行為侵犯了甲方的合法權益，甲方可以選擇根據本協定要求乙方承擔違約責任，或者依照有關法律法規要求乙方承擔侵權責任。

4. 甲方逾期向乙方支付競業限制補償費的，每逾期一天，按照應付金額的千分之一向乙方支付違約金，超過三個月的，乙方有權解除合約。

七、爭議的解決辦法

因本協議引起的糾紛，可以由甲、乙雙方協商解決或者委託雙方信任的第三方調解。如一方拒絕協商、調解或者協商、調解不成的，任何一方均有權提起訴訟，由甲方所在地人民法院管轄。

甲方：(蓋章)

法定代表人：(簽名)　　　　　　年　　月　　日

乙方：(簽名)身份證號碼：　　　　年　　月　　日

員工招聘的工作評估

招聘評估有利於招聘工作的改進。招聘人員通過對招聘評估內容的分析，可以發現招聘工作的成功與不足之處，為下次的工作積累經驗。

第一節　評估員工招聘效果

招聘評估是招聘活動結束後很重要的一個環節，招聘評估有助於企業分析人才招聘與錄用的情況。招聘人員通過成本分析，可以瞭解員工招聘的實際成本，以便於從人力資源規劃的角度上進行人力資源成本核算。

招聘評估有利於招聘工作的改進。招聘人員通過對招聘評估內容的分析，可以發現招聘工作的成功與不足之處，為下次的工作積累經驗。

一、成本效益評估

招聘成本評估是指對整個招聘工作中的費用進行調查、核實並對照預算進行評價的過程。它是鑑定招聘效率的一個重要指標。

招聘評估是招聘過程不可少的一個環節。招聘評估通過成本與效益核算能夠使招聘人員清楚地知道費用的支出情況，區分那些是應支出項目，那些是不應支出項目，有利於降低今後招聘的費用，有利於為組織節省開支。

招聘評估通過對錄用員工的績效、實際能力、工作潛力的評估即通過對錄用員工品質的評估，檢驗招聘工作成果與方法的有效性，有利於招聘方法的改進。

在招聘活動結束後，需要對整個招聘工作進行評估，通過成本效益分析，有助於企業分析人才招聘與錄用的具體情況，以便於從人力資源規劃角度進行人力成本核算，同時，招聘評估也對企業招聘工作品質的改進和提高有重要作用。

在對招聘成本進行核算時，可將其具體細分為招募成本、選拔成本、錄用成本、安置成本、離職成本和重置成本六個項目。

表 11-1-1 招聘成本項目細分

成本項目	說明	舉例
招募成本	整個招聘活動中，企業為吸引應聘者而產生的成本，是隨著招聘活動開始實施必然要發生的費用	招聘人員勞務費用、直接業務費用
選拔成本	在筆試、面試階段對應聘者進行甄選、鑑別，以確定錄用人選所發生的費用	筆試、面試題目設計成本、試卷印刷費、面試成本
錄用成本	經過招聘選拔後，把合適的人員錄用到企業所發生的費用	旅途補助費、錄取手續費等
安置成本	安置被錄用員工到具體的工作崗位所發生的費用	工作必備用品費用
離職成本	被錄用員工在試用期內離職(主動辭職或被企業辭退等)而給企業帶來的各項損失	企業支付離職員工的薪資及其他費用
重置成本	因招聘失敗無法滿足企業招聘需求而需要重新招聘所發生的費用	重新招聘的費用、培訓費

1. 招聘成本效益評估

成本效益評估是對招聘成本所產生的效果進行的分析。它主要包括：招聘總成本效用分析、招募成本效用分析、人員選拔成本效用分析和人員錄用成本效用分析等。計算方法如下：

⑴總成本效用＝錄用人數/招聘總成本

⑵招募成本效用＝應聘人數/招募期間費用

⑶選拔成本效用＝被選中人數/選拔期間費用

⑷錄用成本效用＝正式錄用人數/錄用期間費用

表 11-1-2　招聘成本核算表

過程	工作內容	說　明	時間（小時）	小時薪資（元）	成本（元）
準備階段	會議討論	用人部門經理 2 名	1	30	60
		人力資源部經理 1 名	1	30	30
		招聘主管 1 名	1	20	20
		招聘專員 1 名	3	10	30
	招聘廣告發佈	廣告費	—	—	500
	辦公費用	水、電等開支	—	—	100
小　計					740
實施階段	篩選簡歷	招聘專員 1 名	5	10	50
		通知面試電話費用	—	—	100
	初次面試	招聘主管 1 名	60	20	1200
	復　　試	用人部門經理 2 名	40	30	1200
		人力資源部經理 1 名	40	30	1200
小　計					3750
錄用階段	通知被錄用者	招聘專員 1 名	5	10	50
		通知面試電話費用	—	—	50
	辦理入職手續	招聘專員 1 名	3	10	30
		入職工本費	—	—	100
小　計					230
安置成本	支付被錄用者面試差旅補助	每人面試差旅補助 100 元	—	—	2500
	配置辦公設備	—	—	—	2300
	入職培訓	—	—	—	3000
小　計					7300
總成本					12220

招聘成本包括了招聘活動所發生的各項費用的總和，如果經過核算，招聘成本超出了招聘預算的合理範圍，企業應進一步分析超出預算的具體原因，並給出相應對策，在以後的招聘活動中對成本進行嚴格控制，有效降低招聘的成本費用。

某公司在一次網路招聘活動中(招聘儲備幹部和技術人員)所發生的各項成本，具體核算過程見表 9-2。

2. 招聘收益成本分析

招聘收益成本比＝所有新員工為企業創造的總價值/招聘總成本

它既是一項經濟評價指標，同時也是對招聘工作的有效性進行考核的一項指標。招聘收益－成本比越高，則說明招聘工作越有效。

二、錄用人員評估

錄用人員評估是根據招聘計劃對錄用人員的品質和數量進行的評估。

對錄用人員進行評估，主要是指根據企業招聘計劃和招聘崗位的工作分析，對所錄用人員的品質、數量和結構進行評價的過程。

在招聘工作結束後，對錄用人員進行評估是一項十分重要的工作，在招聘成本較低、同時錄用人員數量充足且品質較好時，說明招聘工作效率高。

對錄用人員的數量和品質進行評估，可通過‹錄用比›、‹招聘完成比›、‹應聘比›等指標來完成。

表 11-1-3　錄用人員評估指標

指標	計算方法	說明
招聘完成比率	錄用人數/計劃招聘人數×100%	若招聘完成比等於或大於 100%，則說明在數量上全面或超額完成了招聘計劃
應聘比率	應聘人數/計劃招聘人數×100%	應聘比越大，說明發佈招聘信息的效果越好，同時說明錄用人員的素質可能較高
錄用比率	錄用人數/應聘人數×100%	錄用比越小，相對來說，錄用者的素質越高
錄用合格比率	錄用人員勝任工作人數/實際錄用人數	反映當前招聘有效性的絕對指標，其大小反映出正確錄用程度

三、招聘工作評估

對招聘工作的評估，除了對上述的招聘成本效用、錄用人員兩方面的評估外，至少還應從如下四方面的評估。

1. 招聘計劃的完成情況

歷數招聘工作的完成情況，並與招聘計劃進行對比。

2. 整個招聘工作進程的情況

把招聘的流程和安排以及取得的成果進行匯總。

3. 招聘成本核算

對招聘成本進行詳細核算、分攤以及評估。

4. 平均職位空缺時間

平均職位空缺時間計算公式為：

平均職位空缺時間＝職位空缺總時間/補充職位數×100%

該指標反映平均每個職位空缺多長時間能夠有新員工補缺到

位，能夠反映招聘人員的工作效率。該指標越小，說明招聘效率高。

5. 招聘合格率

該指標反映招聘工作的品質，這裏的合格招聘人數是指順利通過崗位適應性培訓、試用期考核最終轉正的新員工。

6. 新員工對招聘人員工作滿意度

若新員工對招聘人員的工作進行滿意度評價較高，則說明新員工對招聘人員工作的認可度高，一定程度上反映了招聘人員的工作情況。

7. 新員工對企業滿意度

該項評估一定程度上反映了新員工對企業的認可程度。

8. 招聘工作的經驗總結

總結招聘工作的得與失，積累招聘經驗。

招聘評價就是對招聘過程的每一個環節及總體效果進行評估，以檢查招聘結果是否在數量、品質以及效率方面達到了標準。

第二節　要控制員工招聘成本

一、企業招聘成本的核算

人才競爭是企業競爭力的重要因素，企業能否招聘到真正需要的人，對於提高組織的競爭力、實現組織的目標有決定性的作用。

招聘到優秀、合適的員工是人力資源工作者的重要任務之一，由於企業發展要承受成本和預算不斷增加的壓力，如何對招聘成本進行控制，運用有限的資源請來最合適的人，提高招聘的效益，已成為擺在管理者和人力資源部門面前的重大問題。

招聘成本是指在招聘過程中發生的所有費用，分為有形成本和無形成本，由於無形成本很難衡量，我們只對有形成本部份進行介紹。

圖 11-2-1　招聘成本構成圖

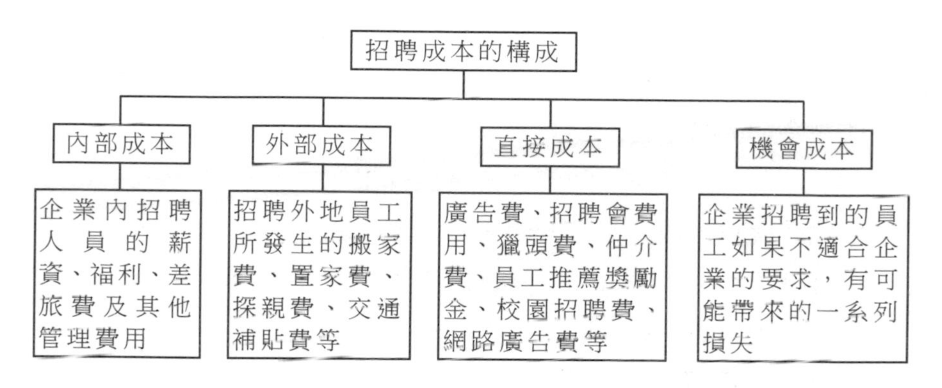

表 11-2-1　招聘選拔的成本

項目	成本	金額
招聘廣告費	1/4彩版46000元，招聘10個職位，人均4600元；另加一次招聘會費用人均2000元	6600元
面試成本	面試2次，共計2小時，每次面試考官2人，加上簡歷篩選時間與人力，計算考官的薪資成本	1000元
薪資和福利費用	兩個月的薪資6000元；福利2000元	8000元
培訓費	入公司後新員工費用、部門上崗培訓和業務流程培訓	6000元
行政辦公費用支出	辦公費500元，出差費用5000元	5500元
損失的機會	未完成項目或銷售額的收入，折合現金	10000元
總計		37100元

二、人員離職的成本核算

1. 離職成本

離職成本是指員工離職產生的費用支出(損失),主要包括四個方面。

⑴離職前的員工因工作效率降低給企業帶來的效益損失。

⑵企業支付離職員工的薪資及其他費用。

⑶由於崗位的空缺產生的問題,如可能喪失的銷售機會和潛在的客戶,可能需支付其他加班人員的薪資等。

⑷再招聘人員所花費的費用。

2. 招聘成本

招聘成本是指為吸引和確定企業所需要的人才而支出的費用,主要包括廣告費、勞務費、材料費和行政管理費等。

單位招聘成本＝總成本/錄用人數

招聘所花費的總成本低,錄用人員品質高,則招聘效果好;反之,則招聘效果有待提升。

總成本低,錄用人數多,則招聘成本低;反之,則招聘成本高。

3. 選拔成本

選拔成本是對應聘人員進行甄選、考核,最終做出錄用決策這一過程中所支付的費用。

4. 錄用成本

錄用成本是指經過對應聘人員的面試甄選後,通知任職者到崗這一階段所支出的費用,主要包括入職手續費、安家費和各種補貼等項目。

5. 安置成本

安置成本是指企業錄用的員工到其工作崗位時所需的費用，主要是指為安排新員工所發生的行政管理費用、辦公設備費用等。

6. 重置成本

重置成本是指在現時物價條件下因重置某一特定人力資源而發生的費用支出。它包括職務重置成本和個人重置成本兩種。

職務重置成本是從職位角度計量企業在現時條件下取得和培訓特定職位要求的人力資源所必須付出的費用支出，個人重置成本是從個人角度計量企業在現時條件下取得和培訓具有同等服務能力的人力資源所必須付出的費用支出。

三、企業招聘成本核算的案例

家電製造公司計劃招聘儲備幹部 30 名和技術人員 10 名。整個招聘工作所有的費用支出如表 11-2-2 所示。

1. 招聘工作的準備

招聘準備階段，公司所支出的費用如表 11-2-2 所示。

表 11-2-2　招聘費用表

時間	工作內容	成本(單位：元)
	1. 會議討論	8000
	2. 材料製作	12000
	3. 廣告費	5000
11 月 20 日～11 月 21 日	4. 校園宣講	18000
11 月 21 日～11 月 22 日	5. 參加招聘會	15000
	6. 辦公費用(主要指水電等開支)	2000
合計		

2. 招聘工作的實施

在招聘工作的實施階段，公司所支出的費用如表 11-2-3 所示。

表 11-2-3　招聘費用表

工作流程	參與者	時間（小時）	小時薪資（元）
篩選簡歷，確定面試人選	招聘專員 1 名	3	100
	招聘經理 1 名	1	200
面試準備	人事助理 1 名	1	100
	招聘經理 1 名	1	200
通知面試	人事助理 1 名	5	100
參加筆試	招聘專員 1 名	2	100
評卷	人資工作人員若干	7	100
第一輪面試	招聘專員	5	100
	人事經理	5	200
7. 第二輪面試	人事經理	20	200
	部門經理	20	300
8. 第三輪面試	部門經理	7.5	300
9. 做出錄用決策並通知錄用者	人事助理	2	100
合計			

3. 錄用成本

公司為校園招聘的 30 名儲備管理人員支付面試的旅途補助費 3000 元。

4. 安置成本

新員工辦公設備配置支出 10000 元，入職培訓費用支出 15000 元，行政管理費用 20000 元。即安置成本共計 45000 元。

5. 離職成本的計算

若新招聘的人員小王提出辭職，在其工作的一個月時間裏，其薪資標準是 120 元/日，每天工作 8 小時，人力資源部工作人員為其辦理離職手續共花費兩小時(人資工作人員薪資標準 10 元/時)，人力資源部經理與小王進行了半小時的面談。

在此，只計算離職的直接成本。

離職的面談費用＝面談者的時間費用＋離職者的時間費用

$$=0.5\times10+(120\div8)\times2.5=42.5(\text{元})$$

離職產生的管理費用＝2×10＝20(元)

離職成本共計 62.5 元。

6. 重置成本的計算

重置成本＝新員工招聘費用＋培訓費用＋崗位空缺帶來的損失

＋公司支付給離職員工的報酬

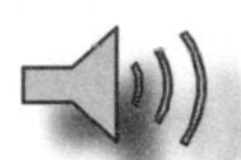

第三節　撰寫招聘評估報告

一、招聘評估報告內容

招聘工作結束後，對工作進行總結，透過撰寫總結報告來對招聘工作的全過程進行記錄和經驗總結，並對招聘過程、經費支出等方面進行評定。

表 11-3-1　招聘評估報告涉及內容

序號	評估報告內容	評估內容
1	招聘準備	招聘需求分析的合理性、招聘預算編制的準確性、招聘小組成員確定的科學性、招聘時機選擇的及時性
2	招聘實施	招聘廣告的效果、招聘管道的有效性、簡歷篩選工作的品質、安排應聘人員參加面試的組織實施情況
3	選拔錄用	筆試和面試題目設計的科學有效性、甄選方法的合適運用、人員選拔錄用情況、員工入職手續辦理及時率、工作合約的簽訂率
4	招聘成本	招聘經費支出情況
5	試用考核	錄用員工適崗情況、員工試用期間的工作表現、員工試用考核情況、員工試用期內流失情況
6	招聘工作改進意見	

企業在對招聘活動進行評估後，需要形成書面的評估報告，一般是將招聘計劃、實施過程以及招聘的整體效果等進行整理後，撰寫書面報告並呈交相關人員審閱。

在進行招聘評估時，會涉及招聘需求分析、招聘計劃制定、招聘活動實施、招聘成本分析等方方面面的內容。

二、招聘評估報告範例

招聘評估報告要求簡明扼要、實事求是、語言平實，儘量通過數據、圖表說明招聘工作的效果，但評估報告不是數據的簡單說明，而是針對招聘最終效果與招聘計劃之間的差異進行分析，並提出改進建議。在撰寫招聘評估報告時，不僅要與招聘小組成員進行溝通，瞭解招聘實施的具體過程，還應與用人部門人員交流，掌握其對招聘效果、錄用員工工作表現的評價，必要時也可從錄用員工處得到一些關於招聘活動的信息。下列是某企業撰寫招聘評估報告的五個步驟。

1. 前言

介紹招聘活動實施背景、開展流程、招聘目標、招聘小組成員、招聘持續時間、招聘整體效果等。

2. 說明評估過程

概述招聘評估方案的設計、評估方法的運用、評估指標的選擇、評估資料的收集、評估過程的實施等。

3. 闡述評估結果

依據招聘評估的方法和指標得出評估結果，對招聘活動的實施效果與招聘計劃之間的差異進一步闡述說明。

4. 提供參考性意見

提出有參考性的意見或建議，以改進招聘活動，如指明在保證招聘效果不變的情況下，有什麼方法可降低招聘成本。

5. 報告總述

總結整個招聘活動的總體實施概況，分析失敗和成功之處，並附上招聘評估中收集和分析的資料、圖表、記錄等。

××公司校園招聘評估報告

××公司為期兩個月的校園招聘工作已於××××年××月××日落下帷幕，鑑於不斷提升公司校園招聘工作的效率和品質，現對本次校園招聘活動作出總結和評價。

一、招聘準備工作說明

為了順利開展本次校園招聘工作，從正式實施招聘前一個月，公司人力資源部就進行了緊張的籌備工作。

1. 招聘需求及方案確定

根據公司業務發展的需要，各部門均在規定的時間內將用人需求報送人力資源部。人力資源部對用人需求進行統計、分析、匯總，確定了本次的招聘需求。其中，管理人員 30 名(包含儲備幹部 20 名)，專業技術人員 20 名，基層員工 25 名。

但在招聘實施過程中，有的部門對需求作了較大的改動，其中，生產部最初計劃招聘 25 人，後來調整需求至 15 人，最終錄用 12 人；研發部最初計劃招聘 20 人，後調整需求至 10 人，最終錄用 8 人。因招聘需求的大幅度調整，對於人力資源部第一批次推薦的候選人用人部門基本未予面試，造成了招聘工作的極大浪費。

在以後的招聘工作中，應強化各部門提出招聘需求申報的嚴肅性，杜絕招聘需求重新調整帶來的浪費。另外，本次校園招聘方案設計以校園宣講會為主導、網路招聘為輔助、用人部門結構化面試為核心，一定程度上規避了以往招聘工作中存在的管理混亂、流程不暢等問題。

2. 宣傳會資料準備

校園宣講會主要以播放 PPT 的形式開展，內容上共包括公司概況(20 分鐘)、職業生涯規劃(10 分鐘)、公司薪酬福利體系(20 分鐘)和互動問答(30 分鐘)四方面的內容，PPT 製作精美，設計新穎，保證了視覺的效果，在宣傳中起到了很好的效果，提升了企業的形象。

同時，公司人力資源部也編制了招聘手冊，從企業簡介、組織結構、企業文化、人才戰略、業務發展、薪資福利六個方面來展現公司全新的面貌，並新增了招聘流程板塊，讓應聘者瞭解公司的具體招聘流程，方便其投遞簡歷和準備面試。從製作成本上看，本批次招聘手冊製作 1000 冊，每冊 0.5 元，製作成本比以往節省 50%；從發放結果上看，本批次招聘手冊僅剩 20 份，大大提高了招聘手冊的發放率。

二、招聘實施的評估

1. 校園宣講會

本次校園招聘活動共開展了五場大型校園宣講會，在四個地區五個學校依次舉辦。其具體情況如表 11-3-2 所示。

從宣講會現場人數來看，由於公司本部在台北，對台北地區的學生吸引力不是很大，同時，現場接收簡歷的數量還是比較令人滿意的，可見校園宣講會的宣傳工作做得比較到位。

表 11-3-2　校園宣講舉辦情況

地區	學　校	宣講人	現場人數(人)	接受簡歷數量(份)
A 區	××大學	×××	150	60
B 區	××學院	×××	230	180
C 區	××大學	×××	280	430
	××大學	×××	260	
D 區	××學院	×××	320	300

2. 筆試

在對應聘簡歷進行初步篩選(英語、專業等硬性條件)之後，確定 650 名符合條件者進入第一輪筆試，本次筆試的實施情況如表 11-3-3 所示。

表 11-3-3　校園招聘筆試情況

筆試地點	應到人數	實到人數	筆試合格率
××大學	40	35	95%
××學院	80	70	93%
××大學	150	120	94%
××大學	120	110	90%
××學院	260	245	89%

從筆試成績來看整體的合格率較高，均在 85%以上，由此可知本次筆試題題目設計過於簡單，未充分發揮筆試篩選人才的作用，在以後的招聘工作中還應注重筆試題目的編制工作。

3. 面試

經過筆試後，人力資源部組織面試人員對筆試合格人員進行了初步的面試，最終確定 150 人推薦到各用人部門進行面試。具體面試進展情況如表 11-3-4 所示。

表 11-3-4　校園招聘面試情況

部　門	推薦面試人數	參加面試人數	錄用人數	備　註
生產部	50	42	12	
研發部	30	20	8	
銷售部	35	30	10	
行政部	15	15	3	
質管部	20	18	5	
合　計	150	125	38	

根據面試及錄用情況，可以得出：

此次招聘完成比＝38/50×100%＝76%，未達成招聘目標。其他數據如應聘比、錄用比等在此略。

4. 招聘成本評估(略)

三、存在問題

綜合分析，本次招聘活動從計劃到實施工作中共存在以下幾個問題。

1. 招聘需求分析不到位

本次招聘活動中，招聘需求的變動造成了不少人力、物力、財力的浪費。

2. 對面試人員培訓不力

公司人力資源部在招聘活動實施前曾對面試人員進行了一天

的封閉培訓，雖然讓面試人員對本公司校園招聘政策、流程、薪酬福利標準、試用期限、簽約年限等有所瞭解，但由於培訓時間過短，未對面試人員做面試技巧方面的培訓，導致面試過程中的主觀意識較強，面試選拔的科學性受到一定程度的影響。

3. 宣講會地點選擇不當

校園宣講會選擇四個地區，是基於宣傳企業形象的考慮，但忽略了 A 地區的學生多數不願到外地就業等因素，導致有的學校宣講會做得不太理想。

4. 招聘週期過長

從××月××日第一場校園宣講會到通知符合條件人員參加面試，歷時一個月，過長的面試等待時間導致了人才的流失。

四、解決措施

1. 做好招聘需求分析

公司各用人部門應謹慎嚴肅對待招聘需求分析，切實做好招聘需求分析的穩定性和科學性，避免以後因招聘需求分析不當造成的資源浪費。

2. 加強面試人員的培訓

對面試人員進行培訓時，除了讓其瞭解公司的招聘政策，還應就招聘面試技巧和方法進行培訓，提高招聘面試的效率和品質。

3. 慎重選擇宣講會地點

4. 縮短招聘週期

提高人力資源部及各相關人員的工作效率，縮短從宣講會舉辦到組織面試以及確定錄用人員的時間，減少應聘者的面試等待時間，避免人才的過度流失。

第四節　零售公司的招聘總結報告

案例一　零售公司的招聘總結報告

公司是以經營傢俱、建材為主的大型連鎖超市，員工的流動率較高，加上公司業務的不斷拓展，使公司對人員的需求量較大。

一、招聘計劃

根據公司目前的發展狀況，並經門店店長批准，公司決定在 8 月 20 日前招聘如下人員：管理人員 60 人(其中儲備幹部 40 人)、專業技術人員 30 人、骨幹人員 5 人、基層員工 20 人。

對於管理人員，主要考察應聘人員的綜合素質和學歷，其中有兩個硬性的條件：一是學歷要求在本科以上，二是年齡在 35 歲以下，目的是保證公司的管理層在知識結構、思維方式、學習能力等方面具備良好的潛能和發展的空間，成為公司高層隊伍的蓄水池。對於專業人員，主要考察應聘者的經驗和操作技能。零售行業企業在經營過程中，會有一些很專業化的問題，例如商品的陳列、庫存的管理等。零售行業企業應招聘一定數量的專業人員，以促進營運部門專業化。

對於骨幹人員要大力進行培養和儲備。骨幹人員招聘主要採用內部招聘的方法，如採取在職培訓、發佈職位公告等方式進行。

對於基層員工的學歷要求不高，招聘者應主要考察應聘人員個人道德品質、工作態度、工作責任等方面。

二、招聘管道的選擇

表 11-4-1　招聘管道的選擇

招聘人員的類型	招聘管道
管理人員(儲備幹部)	網路招聘、報刊雜誌(校園招聘)
專業人員	招聘會、網路招聘
骨幹人員	內部招聘
基層員工	招 聘 會

三、招聘進程安排

人力資源部對此次招聘工作的計劃安排如表 11-4-2 所示。

表 11-4-2 招聘工作的計劃安排

時　　間	工作項目	具體工作內容
6 月 15 日～6 月 18 日	擬訂人員需求計劃	1. 明確招聘人員的總數量 2. 對招聘人員的要求：學歷、身高、性別、經驗等
6 月 19 日～6 月 26 日	招聘準備	1. 招聘廣告、公司宣傳資料的製作 2. 招聘小組人員的確定及各自的分工 3. 招聘工作流程的制定 4. 面試、筆試題目的編制及考評標準的制定 5. 招聘時間和地點的確定 6. 應變措施方案的制定
6 月 27 日～7 月 3 日	發佈招聘信　　息	1. 在相應的人才招聘網站上發佈公司的招聘信息 2. 參加人才招聘會 3. 在公司內部發佈職位公告(註：由於校園招聘時間的特殊性，公司已於 5 月中旬提前完成了校園招聘工作)

續表

時　　間	工作項目	具體工作內容
7 月 10 日～ 7 月 13 日	篩選簡歷	1. 從應聘者的簡歷(600 份)中，初步挑選出 190 份簡歷，其中，應聘管理人員的 80 份、專業人員的 60 份、骨幹人員的 20 份、基層員工的 30 份 2. 通知面試
7 月 14 日～ 7 月 21 日	面　　試	1. 集體面試的方式，對應聘管理人員的 80 名應聘者進行初試，其中三人因工作原因沒來參加面試 2. 集體面試的方式，對應聘專業人員的 60 名應聘者進行初試 3. 由公司中高層面試骨幹人員
7 月 22 日～ 7 月 29 日	復　　試	1. 經過第一輪面試，對經初步考察合格的應聘管理人員和應聘專業人員的應聘者進行復試 2. 對骨幹人員的復試，由所需用人部門的經理實施
7 月 30 日～ 8 月 6 日	做出錄用決　　策	1. 招聘小組對應聘者兩輪的考核給予最後的評定並確定人選 2. 骨幹人員的人選根據應聘者的表現，最終由部門經理擬訂並報門店店長批准確定
8 月 8 日～ 8 月 10 日	電話通知被錄用者	告知被錄用者到公司報到的時間、應聘的職位等具體事項
8 月 12 日～ 8 月 15 日	新員工入職事宜的安排	在被錄用的管理人員中，有兩人因與公司未達成一致的協定沒來報到

四、招聘成本

⑴招聘費用的最初預算如表 11-4-3 所示。

表 11-4-3 招聘費用預算一覽表

工作項目	費用支出(單位：元)
材料製作費	200
網路廣告招聘	400
參 展 費	600
辦公費用	100
人工成本	3000
合 計	4300

⑵實際費用：4700 元，主要是由於在人工成本開銷上增加了 400 元。

五、招聘評估

在需招聘人員的總體數量方面，需招聘 115 名員工，實際招聘 113 人。

招聘計劃完成比率＝113/115×100%＝98.26%。

錄用比率＝113/187×100%＝60.42%。

員工應聘比率＝600/115×100%＝522%。

六、招聘的總結

招聘的成功之處如下：

1. 招聘準備工作充分如在校園招聘過程中，安排了公司高層精彩的宣講輔助以 ppt 的形式，工作人員耐心、細緻地回答同學們的提問，足夠的公司宣傳資料等。

2. 招聘面試流程的科學制定

招聘工作的每個步驟都分工明確，招聘工作小組成員也盡職工作，配合良好，整個招聘工作基本順利地得以完成。

3. 基本上按照招聘計劃完成了人員招募工作，為公司的發展提供了人員的保障。

招聘的不足之處如下：

1. 人員招聘的完成率完成欠佳，原因是時間安排緊張。

2. 招聘預算費用超支。

第五節　製造公司招聘成本核算案例

某製造公司計劃招聘儲備幹部人員和技術人員。現公司整個招聘工作所有的費用支出如表所示。

圖 11-5-1　招聘成本構成表

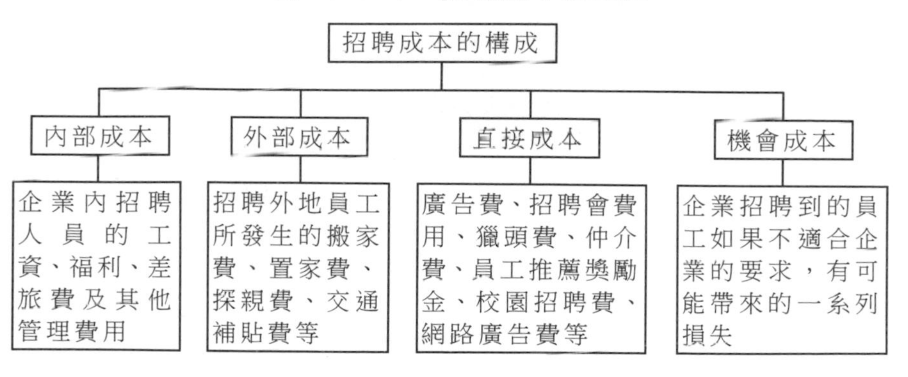

1. 第一階段：招聘工作的準備

招聘準備階段，公司所支出的費用如表 11-5-1 所示。

表 11-5-1 招聘費用表

時間	工作內容	成本(單位：元)
	會議討論	800
	材料製作	1200
	廣告費	500
11 月 20 日～11 月 21 日	校園宣講	1800
11 月 21 日～11 月 22 日	參加招聘會	1500
	辦公費用(主要指水電等的開支)	200
合計	6000 元	

2. 第二階段：招聘工作的實施

在招聘工作的實施階段，公司所支出的費用如表所示。

表 11-5-2 招聘費用表

工作流程	參與者	時間(小時)	小時工資(元)
篩選簡歷，確定面試人選	招聘專員 1 名	3	10
	招聘經理 1 名	1	20
面試準備	人事助理 1 名	1	10
	招聘經理 1 名	1	20
通知面試	人事助理 1 名	5	10
參加筆試	招聘專員 1 名	2	10
評卷	人資工作人員若干	7	10
第一輪面試	招聘專員	5	10
	人事經理	5	20
第二輪面試	人事經理	20	20
	部門經理	20	30
第三輪面試	部門經理	7.5	30
做出錄用決策並通知錄用者	人事助理	2	10
合計	1615 元		

3. 第三階段：錄用成本

公司為校園招聘的 30 名儲備管理人員支付面試的旅途補助費 300 元。

4. 第四階段：安置成本

新員工辦公設備配置支出 1000 元，入職培訓費用支出 1500 元，行政管理費用 2000 元。即安置成本共計 4500 元。

5. 離職成本的計算

若新招聘的人員小李提出辭職，在其工作的一個月時間裏，其工資標準是 120 元/日，每天工作 8 小時，人力資源部工作人員為其辦理離職手續共花費兩小時(人資工作人員工資標準 10 元/時)，人力資源部經理與小李進行了半小時的面談。

在此，只計算離職的直接成本。

離職的面談費用＝面談者的時間費用＋離職者的時間費用

$$=0.5\times10+(120\div8)\times2.5$$

$$=42.5(\text{元})$$

離職產生的管理費用＝2×10＝20(元)

離職成本共計 62.5 元。

6. 重置成本的計算

重置成本＝新員工招聘費用＋培訓費用＋崗位空缺來帶的損失＋公司支付給離職員工的報酬

第12章

附　　錄

附錄 1　企業的招聘員工實施辦法

第一章　招聘原則

第一條　為規範員工招聘工作流程，保證招聘人員品質，建設高素質員工隊伍，特制定本辦法，本辦法適用於對本公司各層級人員的招聘活動。

第二條　戰略導向原則。

招聘工作應符合本公司發展戰略，並服務於本公司人力資源規劃，既要避免冗員，又要建立人才儲備，形成合理的人才梯隊。

第三條　公開透明原則。

招聘職位(崗位)、條件、過程和結果均應該公開、透明，避免暗箱操作。各級管理人員不得將自己的親屬安排到本人分管的部門工作，屬特殊情況的，須由董事長批准，且介紹人必須立下擔保書。

第四條　德才兼備原則。

從個人品格、素質、經驗、潛能和學歷等方面進行全方位的綜合性考察，按照先德後才、德才兼備的標準選拔人才，按照既定的用人標準平等競爭，擇優錄取。

第五條　責任分解原則。

在審核應聘人的過程中，人事部門與用人部門根據各自優勢在審核的內容上進行明確分工，使審核結果盡可能地真實。

第二章　內部招聘組織及分工

第六條　招聘活動和經費安排由人力資源部統一策劃和安排。

第七條　各具體用人部門在人力資源部的組織和協調下直接參與招聘工作，各用人部門可根據本專業具體情況，在制訂年度招聘計劃時向組織人事部門提出相應建議。

第八條　由人力資源部牽頭，每半年配合招聘計劃的檢討對年度招聘效果和費用進行分析和總結，並確定今後的改進措施和費用支出。

第九條　人力資源部與用人部門具體分工如下：

1. 人力資源部

(1)招聘策略策劃；

(2)招聘計劃的審核、具體實施與監控；

(3)招聘審核中對應聘人員綜合素質的基本要求(公司統一政策，如親屬迴避等)的審定及具體評定；

(4)招聘審批過程；

(5)組織年度檢討。

2. 用人部門

(1)本部門招聘計劃的擬定與協助實施；

⑵招聘過程中對招聘人專業素質要求的核定及具體評定；

⑶同化新員工。

第三章　招聘流程

第十條　招聘流程一般包括：招聘需求分析、發佈招聘信息、初選、面試、覆試、錄取六個階段。

第十一條　對於特殊人才，經總經理批准後可簡化流程或直接聘用。

第十二條　內部員工須取得其所在部門直接主管的同意之後，方可應聘公司空缺職位。

第十三條　招聘過程應公開、公正。應聘者弄虛作假的，立即取消其應聘資格；招聘工作人員徇私的，追究當事人責任。對招聘工作有異議的，可向公司主管總經理提出投訴。

第四章　資格審核

第十四條　對應聘者由人力資源部和具體用人部門共同進行嚴格的資格審核。

第十五條　資格審查的流程、方法和內容。

1. 基本流程和方法：個人資料審查、面試、筆試、體檢，具體如下：

⑴個人資料審查包括：個人基本情況、個人資歷、身份證、畢業證、學位證、各種資格證書、4 寸全身彩照與 1 寸標準照各 1 張；

⑵筆試包括：專業知識、綜合知識及能力、文字能力、其他特殊要求的知識；

⑶面試包括：綜合形象、表達能力、舉止行為以及專業要求和其他方面。

2. 附加方法：一級檔案的審查、外調、各種測試。

對正常招聘過程均應按以上第 1 點規定的基本流程和方法進行，不得缺漏；對一些重要或特殊的招聘可根據情況採用其他方法。

第十六條　資格審查中人力資源部及用人部門應進行清晰的權責劃分。

第十七條　進行資格審查時應嚴格執行公司的親屬迴避制度及擔保制度。

第五章　報批及錄用

第十八條　招聘資格審核通過後，應報上級主管（部門）批准。

第十九條　報批由人力資源部負責統一進行，報批應嚴格遵守報批流程，不得越級報批。

第二十條　人力資源部應制訂明確的報批流程及時間期限，以保證報批效率。

第二十一條　人力資源部統一對錄用人員進行通知並辦理相關手續，用人部門不得自行通知錄用；未經人力資源部通知一律作為無效處理。

第六章　試用與轉正

第二十二條　經過招聘流程被錄取的人員，按公司人力資源部《試用錄取通知書》規定的時間和流程到指定部門報到，辦理有關手續，進入試用期。

第二十三條　試用人員在上崗前必須參加由公司組織的崗前培訓，內容包括：企業文化、規章制度、員工禮儀、行為規範及相關業務知識等。崗前培訓合格者方能上崗，對崗前培訓不合格人員，取消其試用資格。

第二十四條　試用人員的試用期為 3～6 個月。試用期內，應全面考察試用人員的綜合素質，包括個人品德、工作態度、知識與技能等。試用期滿前 1 個星期，由試用員工寫出試用期工作總結，填寫《員工轉正申請表》，經人力資源部對試用人員作出綜合鑑定後，報公司人事培訓部審核，審核合格者報公司總經理審批。考核結果分為三種：聘用、延長試用期、辭退。

第二十五條 特殊引進人才不需試用。

第二十六條 試用期間待遇見有關薪資的規定和制度。

第七章 年度檢討

第二十七條 每年應對招聘工作進行年度檢討，以提高招聘的效率，達到良好的效果。

第二十八條 年度檢討透過年度招聘檢討會的形式進行。

第二十九條 年度檢討由人力資源部與各用人部門共同召開「系統年度招聘檢討會議」。

第三十條 本規定由人力資源部負責監督執行，並進行相應檢查。對違反本規定者，由人力資源部對直接責任部門（人）處以考核扣分、通報批評等相應處罰。

第三十一條 本規定自下發之日起執行。

附錄 2　企業的員工錄用制度

第一條　本公司各單位經內部人員調整不能滿足經營管理和業務發展對人力的需求時，採取公開招聘的方式引進人才。為此，特制定本制度。

第二條　確定用人單位崗位編制的原則：

1. 符合公司及本單位長遠發展規劃、經營戰備目標和為此需實現的利潤計劃的需要；
2. 符合目前或近期業務的需要；
3. 需做好工作力成本的投入產出評估；
4. 有助於提高辦公效率和促進業務開展，避免人浮於事；
5. 適應用人單位的管理能力和管理幅度。

第三條　公司聘用人員均首先要求具有良好的品德和個人修養，在此基礎上選擇具有優秀管理能力和專業技術才能的人員。各崗位人員要力爭符合德才兼備的標準。有下列情況之一或多條者，不得成為本公司員工：

1. 剝奪權力尚未恢復；
2. 被判刑或被通緝，尚未結案；
3. 參加非法組織；
4. 品行惡劣，曾受到開除處分；
5. 吸食毒品；
6. 經醫院體檢，本公司認為不合格；
7. 年齡未滿 18 週歲。

第四條　公司各部門或下屬全資公司如確有用人需要，應在符合第二條的前提下，填報《固定從業人員需求申請表》，交人力資源部核准，由人力資源部報總經理審批。總經理批准後，人力資源部制訂招聘方案並組織實施。

第五條　人力資源部會同用人單位共同對應聘人員進行篩選、考核(總經理將視情況決定是否親自參加)，填寫考核記錄和錄用意見，報經總經理審批後辦理錄用手續。具體過程如下：

(一)人力資源部會同用人單位進行招聘準備工作：

1. 確定招聘的崗位、人數、要求(包括性別、年齡範圍、學歷和工作經驗等)；

2. 擬定日程安排；

3. 編制筆試問卷和面試綱要；

4. 成立主試小組；

5. 整理考試場地；

6. 需要準備的其他事項。

(二)實施步驟：

1. 人力資源部通過刊播廣告、加入人才供求網路等形式發佈招聘信息，收集應聘者材料；

2. 人力資源部匯總、整理材料，會同用人單位根據要求進行初次篩選，向中選人員發筆試通知；

3. 人力資源部組織應聘者參加筆試，會同用人單位根據筆試結果進行二次篩選，向中選人員發初次面試通知；

4. 人力資源部會同用人單位組織應聘者參加初次面試，根據結果進行三次篩選，向中選人員發二次面試通知；

5. 人力資源部會同用人單位組織應聘者參加二次面試，根據結果確定錄用名單，向中選人員發錄取通知，向落選人員發辭謝通知。

第六條　所有應聘人員除董事長特批可免予試用或縮短試用期外，一般都必須經過 3～6 個月的試用期後才可考慮是否聘為正式員工。

第七條　試用人員必須呈交下述材料：

1. 由公司統一發給並填寫的招聘表格；
2. 學歷、職稱證明；
3. 個人簡歷；
4. 近期相片 2 張；
5. 身份證影本；
6. 體檢表；
7. 結婚證；
8. 面試或筆試記錄。

第八條　新錄用人員向公司人力資源部報到後，由人力資源部組織統一體檢，體檢合格者參加人力資源部主持的崗前培訓。培訓內容包括：

1. 講解公司的歷史、現狀、經營範圍、特色和奮鬥目標；
2. 講解公司的組織機構設置，介紹各部門人員；
3. 講解各項辦公流程，組織學習各項規章制度；
4. 講解公司對員工道德、情操和禮儀的要求；
5. 介紹工作環境和工作條件，輔導使用辦公設備；
6. 解答疑問；
7. 組織撰寫心得體會及工作意向。

第九條　新錄用人員培訓完畢，與公司簽訂《公司試用協定》，持該協定向工作單位報到，由部門經理負責安排具體工作，人力資源部同時向財務部發《試用人員上崗通知書》。

第十條 試用人員一般不宜擔任具有重要責任的工作。

第十一條 試用人員在試用期內待遇規定如下：

(一)基本工資待遇：

1. 高中以下畢業：一等；
2. 中專畢業：二等；
3. 大專畢業：三等；
4. 本科畢業：四等；
5. 碩士研究生畢業(含獲初級技術職稱者)：五等；
6. 博士研究生畢業(含獲中級技術職稱者)：六等。

(二)試用人員享受一半浮動工資和勞保用品待遇。

第十二條 試用人員經試用考核合格後，可轉為正式員工，並根據其工作能力和崗位重新確定職等，享受正式員工的各種待遇；員工轉正後，試用期計入工齡，對於不予聘用者說明原因並不發任何補償費。

第十三條 對試用合格並願意繼續在公司工作的員工，部門經理組織提交《試用期工作總結》及轉正申請並簽署意見，交人力資源部，人力資源部經理簽署意見後交總經理審批；轉正申請得到批准的員工與公司簽訂《聘用合約》，由人力資源部同時向財務部發送《員工聘用通知書》。

第十四條 總公司和各下屬企業的各類人員的正式聘用合約和短期聘用合約以及擔保書等全部材料匯總保存於總公司人事監察部和勞資部，由上述兩個單位負責監督聘用合約和擔保書的執行。

第十五條 本制度適用於公司本部及下屬全資公司。

第十六條 本制度由公司人力資源部負責解釋。

第十七條　本制度自××年×月×日起實施。

以上制度僅供參考，人力資源部必須注意的是要保證企業內部的這些制度是合法合規的，這樣才能在今後發生爭議時很好的保護企業的利益。

附錄 3　員工離職管理控制流程

一、目的

為規範公司離職管理，減少公司以及員工因離職而產生的各項損失，根據公司人力資源相關制度、規定和相關法律法規，特制定本流程。

二、適用範圍

本流程適用於本公司員工離職管理的全部相關工作，具體包括辭職、解僱、試用期不合格、協商解除工作合約、自動離職、合約到期等離職類別。

三、離職類別定義

依據公司「員工離職管理制度」相關規定，員工提出離職應首先填寫「離職申請書」交人力資源部。人力資源部依據員工離職的申請書，明確離職類別後，實施離職流程。具體的離職類別可包括以下 6 類。

1. 辭職

員工個人提出離職，填寫離職申請並完成各級簽核。人力資源部應對員工個人提出離職的原因進行深入調查、瞭解，對於表現優秀的員工，應採用相關激勵辦法予以挽留，避免因人才流失而造成公司經濟利益損失。

2. 解僱

員工在職期間因嚴重違反公司管理規章或做出損害公司利益的行為，公司根據法律規定以及公司相關管理規章制度，與其解除勞動關係。

3. 試用期不合格

員工在試用期內，因工作實際表現、技能等不符合公司要求而由公司提出解除勞動關係。

4. 協商解除工作合約

員工在轉正後，公司因崗位調整或技術革新，或因員工個人工作績效達不到公司要求，公司與員工協商解除工作合約。

5. 自動離職

員工不以書面形式通知公司人力資源部或本部門，連續離開工作崗位達 5 個工作日，請假到期未回工作崗位累積達 5 個工作日，逾期未辦理離職手續等情況，公司將視為員工自動離職，勞動關係自動解除。

6. 合約到期

公司與員工簽訂工作合約，當合約到期後雙方有任意一方不同意續訂合約。

四、員工離職過程控制

人力資源部根據離職的不同類別，採用不同的離職流程，對離職的流程進行嚴格控制。具體離職流程可分為以下幾點。

(一)辭職流程

員工個人以填寫離職申請單的形式通知公司，通知以簽核至人力資源部經理為通知完畢。

1. 離職申請日期為員工提交離職申請單至其直屬主管並簽核之日。

2. 試用期內需提前 3 日申請離職。

3. 試用期滿後需提前 30 日申請離職。

4. 人力資源部安排對離職人員進行面談，並做好相關離職面談記錄。

5. 離職日期到期，員工填寫「離職手續辦理表」、「工作交接表」，並於離職當日依照「離職手續辦理表」上所列事項一一辦理。

6. 離職手續表內所列事項全部辦理完畢後攜「工作交接表」、「離職申請表」、「離職手續辦理表」於人力資源部薪酬專員處結算離職薪金並簽字確認。

7. 所有手續辦理完畢後，由人力資源部人事專員為離職人員開具離職證明。

8. 公司各部門除正當地挽留員工外，無正當理由一律不得拒簽員工提交的離職申請。

9. 離職人員所有手續以及簽名均需本人親自操作，因重大事件不能辦理離職手續者，可簽寫離職代理委託書由他人代理。「離職代理委託書」需註明不能辦理離職手續的理由並由本人簽名。

(二)解僱流程

部門經理填寫離職申請並通知當事人辦理離職手續，以下為解僱流程。

1. 部門相關負責人填寫離職申請(需要詳細寫明解僱原因、時間)，由部門負責人簽字確認後至人力資源部經理簽核，再通知當事人離職手續辦理日期。

2. 總部人力資源部安排對離職人員進行面談，並做好相關離職面談記錄。

3. 相關離職流程以及離職手續與辭職流程相同。

(三)試用期不合格離職流程

1. 部門相關主管或負責人填寫離職申請書至總部人力資源部經理簽核，並通知當事人離職手續辦理日期。

2. 離職申請書需詳細寫明試用期不合格具體理由及離職時間。

3. 相關離職流程以及離職手續與辭職流程相同。

(四)協商解除工作合約流程

1. 部門負責人提出「協商解除工作合約」申請至總部人力資源部經理審批。

2. 總部人力資源部提前 30 日書面通知被解除工作合約員工並簽收。

3. 部門負責人與總部人力資源部安排和被解除工作合約員工面談，並詳細告知當事人解除工作合約理由。

4. 公司與被解除工作合約員工簽訂「離職協議書」。

5. 相關離職流程以及離職手續與辭職流程相同。

(五)自動離職流程

1. 部門經理填寫離職人員的離職申請單，並通知各相關單位完成簽核。

2. 財務部與人力資源部進行相關薪資凍結流程，由離職員工本人親自辦理離職手續後方可結算薪金。

(六)合約到期

1. 人力資源部人事專員提前 60 日向部門經理提交工作合約到期名單。

2. 部門負責人根據各部門內部人員工作表現決定續簽工作合約

人員名單和不續簽工作合約人員名單，並在 15 個工作日內將名單回饋給人力資源部人事專員處。

3. 總部人力資源部人事專員安排續簽工作合約。

4. 屬公司不願續簽工作合約情況，人力資源部提前 30 日向員工書面提出工作合約不續簽通知並簽收，相關離職流程以及離職手續與辭職流程相同。

5. 屬員工個人提出不願意續訂合約的，需提前 30 日以書面形式通知人力資源部人事專員。

五、離職交接控制

(一)工作交接

離職人員依據本部門經理安排，與接收人移交本職工作的範圍和待處理的事務及辦法，具體包括聯繫部門、聯絡人及聯繫方式以及本職崗位的相關文件、圖紙、資料、樣板等。

(二)物品交接

1. 離職人員個人管理的工具、文具、印章、鑰匙等，應交還公司前台。

2. 電腦、郵箱、公共網路用戶名和密碼應移交給指定接收人。

(三)交接清單

交接清單經移交人、接收人、監交人簽名或蓋章，部門負責人審查簽字確認。

(四)相關責任

接收人應認真核對盤查，發現問題應及時請求監交人處理，知情不報，由接收人負責；處理不當，監交人與負責人應負連帶責任。

(五)交接期限

離職人員交接應於 2 日內完成，延期交接應徵得部門經理同意並知會人力資源部。

六、離職面談

(一)信息保存

人力資源部對離職員工進行離職面談時，應記錄相關信息並保存。

(二)問題回饋

離職面談時，人力資源部發現公司存在明顯管理不善等問題，需在 1 個工作日內以書面形式回饋給總部人力資源部經理。

(三)訪談記錄查閱

各部門經理原則上無權查閱離職人員訪談記錄，如確需查閱記錄時，應經總經理審批同意。

七、離職扣款控制

(一)離職薪資截止日期

員工離職日當天人力資源部人事專員取消其在職記錄，辦理離職日當天不計算薪資，薪資計算截止日期為停止工作之日。

(二)賠償金

員工未按照公司規定離職，相關代通知金賠償標準如下。

1. 試用期後未提前 3 日申請，扣 3 日薪資。

2. 轉正後未提前一個月申請，扣 15 日薪資。

3. 自動離職期間，財務部凍結薪資入賬，在自動離職人員辦理離職手續後方可發放離職薪金。

(三)物品交接

員工離職需提交由其在職期間保管的相關資料、辦公文具等物品，未按規定提交或者丟失的按照如下標準賠償，費用從員工離職當月的薪資中扣除。

(四)需向部門遞交物品

1. 員工手冊，丟失賠償 200 元。

2. 員工工作證，丟失賠償 100 元。

3. 員工用餐磁卡，丟失賠償 100 元。

4. 在職期間保管的相關資料、郵箱、公共網路用戶名密碼、光碟、U 盤、書刊、印章、鑰匙及其他辦公用品等物品，物品數量不齊者依照市場價格賠償。

5. 電腦(顯示器、主機、鍵盤、滑鼠)全套，丟失者應參照市場價格進行賠償。

6. 在職期間保管的產品樣品以及倉庫借出的貨品如丟失，應參照市場價格進行賠償。

(五)具體賠償方法

員工離職丟失物品價值或損害公司物品價值超過離職當月薪資，部門需在員工離職賠償完畢後方可辦理手續。

八、相關文件與記錄

1. 離職申請書。

2. 員工離職管理制度。

3. 離職交接單。

4. 離職面談記錄表。

5. 離職證明書。

6. 其他。

企業的核心競爭力，就在這里！

圖 書 出 版 目 錄

憲業企管顧問（集團）公司為企業界提供診斷、輔導、培訓等專項工作。下列圖書是由臺灣的憲業企管顧問(集團)公司所出版，自 1993 年秉持專業立場，特別注重實務應用，50 餘位顧問師為企業界提供最專業的經營管理類圖書。

選購企管書，敬請認明品牌：憲業企管公司。

1.傳播書香社會，直接向本出版社購買，一律 9 折優惠，郵遞費用由本公司負擔。服務電話(02)27622241 (03)9310960 傳真(03)9310961

2.付款方式：請將書款轉帳到我公司下列的銀行帳戶。

· 銀行名稱：合作金庫銀行（敦南分行） 帳號：5034-717-347447
  公司名稱：憲業企管顧問有限公司

· 郵局劃撥號碼：18410591 郵局劃撥戶名：憲業企管顧問公司

3.圖書出版資料每週隨時更新，請見網站 www.bookstore99.com

經營顧問叢書

25	王永慶的經營管理	360 元
52	堅持一定成功	360 元
56	對準目標	360 元
60	寶潔品牌操作手冊	360 元
78	財務經理手冊	360 元
79	財務診斷技巧	360 元
91	汽車販賣技巧大公開	360 元
97	企業收款管理	360 元
100	幹部決定執行力	360 元
122	熱愛工作	360 元
129	邁克爾·波特的戰略智慧	360 元
130	如何制定企業經營戰略	360 元
135	成敗關鍵的談判技巧	360 元
137	生產部門、行銷部門績效考核手冊	360 元
139	行銷機能診斷	360 元
140	企業如何節流	360 元
141	責任	360 元
142	企業接棒人	360 元
144	企業的外包操作管理	360 元
146	主管階層績效考核手冊	360 元
147	六步打造績效考核體系	360 元
148	六步打造培訓體系	360 元
149	展覽會行銷技巧	360 元
150	企業流程管理技巧	360 元

152	向西點軍校學管理	360 元
154	領導你的成功團隊	360 元
163	只為成功找方法，不為失敗找藉口	360 元
167	網路商店管理手冊	360 元
168	生氣不如爭氣	360 元
170	模仿就能成功	350 元
176	每天進步一點點	350 元
181	速度是贏利關鍵	360 元
183	如何識別人才	360 元
184	找方法解決問題	360 元
185	不景氣時期，如何降低成本	360 元
186	營業管理疑難雜症與對策	360 元
187	廠商掌握零售賣場的竅門	360 元
188	推銷之神傳世技巧	360 元
189	企業經營案例解析	360 元
191	豐田汽車管理模式	360 元
192	企業執行力（技巧篇）	360 元
193	領導魅力	360 元
198	銷售說服技巧	360 元
199	促銷工具疑難雜症與對策	360 元
200	如何推動目標管理（第三版）	390 元
201	網路行銷技巧	360 元
204	客戶服務部工作流程	360 元
206	如何鞏固客戶（增訂二版）	360 元
208	經濟大崩潰	360 元
215	行銷計劃書的撰寫與執行	360 元
216	內部控制實務與案例	360 元
217	透視財務分析內幕	360 元
219	總經理如何管理公司	360 元
222	確保新產品銷售成功	360 元
223	品牌成功關鍵步驟	360 元
224	客戶服務部門績效量化指標	360 元
226	商業網站成功密碼	360 元
228	經營分析	360 元
229	產品經理手冊	360 元
230	診斷改善你的企業	360 元
232	電子郵件成功技巧	360 元
234	銷售通路管理實務〈增訂二版〉	360 元

235	求職面試一定成功	360 元
236	客戶管理操作實務〈增訂二版〉	360 元
237	總經理如何領導成功團隊	360 元
238	總經理如何熟悉財務控制	360 元
239	總經理如何靈活調動資金	360 元
240	有趣的生活經濟學	360 元
241	業務員經營轄區市場（增訂二版）	360 元
242	搜索引擎行銷	360 元
243	如何推動利潤中心制度（增訂二版）	360 元
244	經營智慧	360 元
245	企業危機應對實戰技巧	360 元
246	行銷總監工作指引	360 元
247	行銷總監實戰案例	360 元
248	企業戰略執行手冊	360 元
249	大客戶搖錢樹	360 元
252	營業管理實務（增訂二版）	360 元
253	銷售部門績效考核量化指標	360 元
254	員工招聘操作手冊	360 元
256	有效溝通技巧	360 元
258	如何處理員工離職問題	360 元
259	提高工作效率	360 元
261	員工招聘性向測試方法	360 元
262	解決問題	360 元
263	微利時代制勝法寶	360 元
264	如何拿到 VC（風險投資）的錢	360 元
267	促銷管理實務〈增訂五版〉	360 元
268	顧客情報管理技巧	360 元
269	如何改善企業組織績效〈增訂二版〉	360 元
270	低調才是大智慧	360 元
272	主管必備的授權技巧	360 元
275	主管如何激勵部屬	360 元
276	輕鬆擁有幽默口才	360 元
278	面試主考官工作實務	360 元
279	總經理重點工作（增訂二版）	360 元
282	如何提高市場佔有率（增訂二版）	360 元

283	財務部流程規範化管理（增訂二版）	360 元
284	時間管理手冊	360 元
285	人事經理操作手冊（增訂二版）	360 元
286	贏得競爭優勢的模仿戰略	360 元
287	電話推銷培訓教材（增訂三版）	360 元
288	贏在細節管理（增訂二版）	360 元
289	企業識別系統 CIS（增訂二版）	360 元
290	部門主管手冊（增訂五版）	360 元
291	財務查帳技巧（增訂二版）	360 元
293	業務員疑難雜症與對策（增訂二版）	360 元
295	哈佛領導力課程	360 元
296	如何診斷企業財務狀況	360 元
297	營業部轄區管理規範工具書	360 元
298	售後服務手冊	360 元
299	業績倍增的銷售技巧	400 元
300	行政部流程規範化管理（增訂二版）	400 元
302	行銷部流程規範化管理（增訂二版）	400 元
304	生產部流程規範化管理（增訂二版）	400 元
305	績效考核手冊(增訂二版)	400 元
307	招聘作業規範手冊	420 元
308	喬・吉拉德銷售智慧	400 元
309	商品鋪貨規範工具書	400 元
310	企業併購案例精華(增訂二版)	420 元
311	客戶抱怨手冊	400 元
314	客戶拒絕就是銷售成功的開始	400 元
315	如何選人、育人、用人、留人、辭人	400 元
316	危機管理案例精華	400 元
317	節約的都是利潤	400 元
318	企業盈利模式	400 元
319	應收帳款的管理與催收	420 元
320	總經理手冊	420 元
321	新產品銷售一定成功	420 元
322	銷售獎勵辦法	420 元
323	財務主管工作手冊	420 元
324	降低人力成本	420 元
325	企業如何制度化	420 元
326	終端零售店管理手冊	420 元
327	客戶管理應用技巧	420 元
328	如何撰寫商業計畫書（增訂二版）	420 元
329	利潤中心制度運作技巧	420 元
330	企業要注重現金流	420 元
331	經銷商管理實務	450 元
332	內部控制規範手冊（增訂二版）	420 元
333	人力資源部流程規範化管理（增訂五版）	420 元
334	各部門年度計劃工作（增訂三版）	420 元
335	人力資源部官司案件大公開	420 元
336	高效率的會議技巧	420 元
337	企業經營計劃〈增訂三版〉	420 元
338	商業簡報技巧（增訂二版）	420 元
339	企業診斷實務	450 元
340	總務部門重點工作（增訂四版）	450 元
341	從招聘到離職	450 元

《商店叢書》

18	店員推銷技巧	360 元
30	特許連鎖業經營技巧	360 元
35	商店標準操作流程	360 元
36	商店導購口才專業培訓	360 元
37	速食店操作手冊〈增訂二版〉	360 元
38	網路商店創業手冊〈增訂二版〉	360 元
40	商店診斷實務	360 元
41	店鋪商品管理手冊	360 元
42	店員操作手冊（增訂三版）	360 元
44	店長如何提升業績〈增訂二版〉	360 元

45	向肯德基學習連鎖經營〈增訂二版〉	360 元
47	賣場如何經營會員制俱樂部	360 元
48	賣場銷量神奇交叉分析	360 元
49	商場促銷法寶	360 元
53	餐飲業工作規範	360 元
54	有效的店員銷售技巧	360 元
56	開一家穩賺不賠的網路商店	360 元
58	商鋪業績提升技巧	360 元
59	店員工作規範（增訂二版）	400 元
61	架設強大的連鎖總部	400 元
62	餐飲業經營技巧	400 元
64	賣場管理督導手冊	420 元
65	連鎖店督導師手冊（增訂二版）	420 元
67	店長數據化管理技巧	420 元
69	連鎖業商品開發與物流配送	420 元
70	連鎖業加盟招商與培訓作法	420 元
71	金牌店員內部培訓手冊	420 元
72	如何撰寫連鎖業營運手冊〈增訂三版〉	420 元
73	店長操作手冊（增訂七版）	420 元
74	連鎖企業如何取得投資公司注入資金	420 元
75	特許連鎖業加盟合約（增訂二版）	420 元
76	實體商店如何提昇業績	420 元
77	連鎖店操作手冊（增訂六版）	420 元
78	快速架設連鎖加盟帝國	450 元
79	連鎖業開店複製流程（增訂二版）	450 元
80	開店創業手冊〈增訂五版〉	450 元
81	餐飲業如何提昇業績	450 元

《工廠叢書》

15	工廠設備維護手冊	380 元
16	品管圈活動指南	380 元
17	品管圈推動實務	380 元
20	如何推動提案制度	380 元
24	六西格瑪管理手冊	380 元
30	生產績效診斷與評估	380 元
32	如何藉助 IE 提升業績	380 元
46	降低生產成本	380 元
47	物流配送績效管理	380 元
51	透視流程改善技巧	380 元
55	企業標準化的創建與推動	380 元
56	精細化生產管理	380 元
57	品質管制手法〈增訂二版〉	380 元
58	如何改善生產績效〈增訂二版〉	380 元
68	打造一流的生產作業廠區	380 元
70	如何控制不良品〈增訂二版〉	380 元
71	全面消除生產浪費	380 元
72	現場工程改善應用手冊	380 元
77	確保新產品開發成功（增訂四版）	380 元
79	6S 管理運作技巧	380 元
84	供應商管理手冊	380 元
85	採購管理工作細則〈增訂二版〉	380 元
88	豐田現場管理技巧	380 元
89	生產現場管理實戰案例〈增訂三版〉	380 元
92	生產主管操作手冊(增訂五版)	420 元
93	機器設備維護管理工具書	420 元
94	如何解決工廠問題	420 元
96	生產訂單運作方式與變更管理	420 元
97	商品管理流程控制(增訂四版)	420 元
102	生產主管工作技巧	420 元
103	工廠管理標準作業流程〈增訂三版〉	420 元
105	生產計劃的規劃與執行(增訂二版)	420 元
107	如何推動 5S 管理（增訂六版）	420 元
108	物料管理控制實務〈增訂三版〉	420 元
111	品管部操作規範	420 元
112	採購管理實務〈增訂八版〉	420 元
113	企業如何實施目視管理	420 元
114	如何診斷企業生產狀況	420 元
115	採購談判與議價技巧〈增訂四版〉	450 元

116	如何管理倉庫〈增訂十版〉	450 元
117	部門績效考核的量化管理（增訂八版）	450 元

《醫學保健叢書》

23	如何降低高血壓	360 元
24	如何治療糖尿病	360 元
25	如何降低膽固醇	360 元
26	人體器官使用說明書	360 元
27	這樣喝水最健康	360 元
28	輕鬆排毒方法	360 元
29	中醫養生手冊	360 元
32	幾千年的中醫養生方法	360 元
34	糖尿病治療全書	360 元
35	活到 120 歲的飲食方法	360 元
36	7 天克服便秘	360 元
37	為長壽做準備	360 元
39	拒絕三高有方法	360 元
40	一定要懷孕	360 元
41	提高免疫力可抵抗癌症	360 元
42	生男生女有技巧〈增訂三版〉	360 元

《培訓叢書》

12	培訓師的演講技巧	360 元
15	戶外培訓活動實施技巧	360 元
21	培訓部門經理操作手冊（增訂三版）	360 元
23	培訓部門流程規範化管理	360 元
24	領導技巧培訓遊戲	360 元
26	提升服務品質培訓遊戲	360 元
27	執行能力培訓遊戲	360 元
28	企業如何培訓內部講師	360 元
31	激勵員工培訓遊戲	420 元
32	企業培訓活動的破冰遊戲（增訂二版）	420 元
33	解決問題能力培訓遊戲	420 元
34	情商管理培訓遊戲	420 元
36	銷售部門培訓遊戲綜合本	420 元
37	溝通能力培訓遊戲	420 元
38	如何建立內部培訓體系	420 元
39	團隊合作培訓遊戲(增訂四版)	420 元
40	培訓師手冊（增訂六版）	420 元
41	企業培訓遊戲大全(增訂五版)	450 元

《傳銷叢書》

4	傳銷致富	360 元
5	傳銷培訓課程	360 元
10	頂尖傳銷術	360 元
12	現在輪到你成功	350 元
13	鑽石傳銷商培訓手冊	350 元
14	傳銷皇帝的激勵技巧	360 元
15	傳銷皇帝的溝通技巧	360 元
19	傳銷分享會運作範例	360 元
20	傳銷成功技巧（增訂五版）	400 元
21	傳銷領袖（增訂二版）	400 元
22	傳銷話術	400 元
24	如何傳銷邀約（增訂二版）	450 元

《幼兒培育叢書》

1	如何培育傑出子女	360 元
2	培育財富子女	360 元
3	如何激發孩子的學習潛能	360 元
4	鼓勵孩子	360 元
5	別溺愛孩子	360 元
6	孩子考第一名	360 元
7	父母要如何與孩子溝通	360 元
8	父母要如何培養孩子的好習慣	360 元
9	父母要如何激發孩子學習潛能	360 元
10	如何讓孩子變得堅強自信	360 元

《智慧叢書》

1	禪的智慧	360 元
2	生活禪	360 元
3	易經的智慧	360 元
4	禪的管理大智慧	360 元
5	改變命運的人生智慧	360 元
6	如何吸取中庸智慧	360 元
7	如何吸取老子智慧	360 元
8	如何吸取易經智慧	360 元
9	經濟大崩潰	360 元
10	有趣的生活經濟學	360 元
11	低調才是大智慧	360 元

《DIY 叢書》

1	居家節約竅門 DIY	360 元
2	愛護汽車 DIY	360 元

3	現代居家風水 DIY	360 元
4	居家收納整理 DIY	360 元
5	廚房竅門 DIY	360 元
6	家庭裝修 DIY	360 元
7	省油大作戰	360 元

為方便讀者選購，本公司將一部分上述圖書又加以專門分類如下：

《主管叢書》

1	部門主管手冊（增訂五版）	360 元
2	總經理手冊	420 元
4	生產主管操作手冊（增訂五版）	420 元
5	店長操作手冊（增訂六版）	420 元
6	財務經理手冊	360 元
7	人事經理操作手冊	360 元
8	行銷總監工作指引	360 元
9	行銷總監實戰案例	360 元

《總經理叢書》

1	總經理如何經營公司（增訂二版）	360 元
2	總經理如何管理公司	360 元
3	總經理如何領導成功團隊	360 元
4	總經理如何熟悉財務控制	360 元
5	總經理如何靈活調動資金	360 元
6	總經理手冊	420 元

《人事管理叢書》

1	人事經理操作手冊	360 元
2	從招聘到離職	450 元
3	員工招聘性向測試方法	360 元
5	總務部門重點工作（增訂四版）	450 元
6	如何識別人才	360 元
7	如何處理員工離職問題	360 元
8	人力資源部流程規範化管理（增訂五版）	420 元
9	面試主考官工作實務	360 元
10	主管如何激勵部屬	360 元
11	主管必備的授權技巧	360 元
12	部門主管手冊（增訂五版）	360 元

《理財叢書》

1	巴菲特股票投資忠告	360 元
2	受益一生的投資理財	360 元
3	終身理財計劃	360 元
4	如何投資黃金	360 元
5	巴菲特投資必贏技巧	360 元
6	投資基金賺錢方法	360 元
7	索羅斯的基金投資必贏忠告	360 元
8	巴菲特為何投資比亞迪	360 元

請保留此圖書目錄：

未來在長遠的工作上，此圖書目錄可能會對您有幫助！！

給總經理的話

總經理公事繁忙，還要設法擠出時間，赴外上課進修學習，努力不懈，力爭上游。

總經理拚命充電，但是員工呢？

公司的執行仍然要靠員工，為什麼不要讓員工一起進修學習呢？

買幾本好書，交待員工一起讀書，或是買好書送給員工當禮品。簡單、立刻可行，多好的事！

經營顧問叢書 (341)　　售價：450 元

從招聘到離職

西元二〇二一年十二月　　初版一刷

編著：陳永清　王慶祥

策劃：麥可國際出版有限公司（新加坡）

編輯：蕭玲

封面設計：宇軒設計工作室

校對：劉飛娟

發行人：黃憲仁

發行所：憲業企管顧問有限公司

電話：(02) 2762-2241　(03) 9310960　0930872873

電子郵件聯絡信箱：huang2838@yahoo.com.tw

銀行 ATM 轉帳：合作金庫銀行　帳號：5034-717-347447

郵政劃撥：18410591　憲業企管顧問有限公司

登記證：行政業新聞局版台業字第 6380 號

本公司徵求海外版權出版代理商（0930872873）

本圖書是由憲業企管顧問（集團）公司所出版，以專業立場，為企業界提供最專業的各種經營管理類圖書。

圖書編號 ISBN：978-986-369-104-4